抽水蓄能电站生产准备员工系列培训教材

电站运维管理

国网新源集团有限公司　组编

中国电力出版社
CHINA ELECTRIC POWER PRESS

内 容 提 要

为促进抽水蓄能领域人才培养，满足当前抽水蓄能事业快速发展的需要，国网新源集团有限公司组织编写了《抽水蓄能电站生产准备员工系列培训教材》丛书，共 7 个分册，填补了同类培训教材的市场空白。

本书是《电站运维管理》分册，共 11 章，主要内容包括：设备运行管理、设备维护管理、安全生产管理、典型设备操作、调度业务联系、值守监盘及操作、异常及事故应急处置、基建转生产管理、调度及涉网管理、电力技术监督管理、特种设备管理。

本书适合抽水蓄能电站生产准备员工阅读，同时也可供相关科研技术人员和大专院校师生参考使用。

图书在版编目（CIP）数据

抽水蓄能电站生产准备员工系列培训教材. 电站运维管理 / 国网新源集团有限公司组编.
北京：中国电力出版社，2025. 6. -- ISBN 978-7-5198-9765-9

Ⅰ. TV743

中国国家版本馆 CIP 数据核字第 202526YP00 号

出版发行：中国电力出版社
地　　址：北京市东城区北京站西街 19 号（邮政编码 100005）
网　　址：http://www.cepp.sgcc.com.cn
责任编辑：孙建英（010-63412369）　李耀阳
责任校对：黄　蓓　常燕昆
装帧设计：张俊霞
责任印制：吴　迪

印　　刷：三河市航远印刷有限公司
版　　次：2025 年 6 月第一版
印　　次：2025 年 6 月北京第一次印刷
开　　本：787 毫米 ×1092 毫米　16 开本
印　　张：11.5
字　　数：281 千字
定　　价：60.00 元

抽水蓄能电站生产准备员工系列培训教材
电站运维管理

编写人员

（按姓氏笔画排序）

于　辉	于　鲲	王大强	王　伟	王志祥	王宜峰
王春明	尹广斌	叶　林	付朝霞	朱中山	朱东国
朱　杰	危　伟	刘小明	刘争臻	刘定宏	刘彦勇
许修乐	孙章豪	李广亮	李　利	李逸凡	杨丽君
吴军锋	何张进	宋旭峰	宋湘辉	张子龙	张永会
陆　胜	陈　珏	陈哲东	陈　勤	郁小彬	金根明
郑文强	郑易成	俞天豪	施斌峰	姜　丰	姜泽界
姚航宇	耿沛尧	夏斌强	钱中伟	高建伟	喻鹤之
曾　辉	楼荣武	濮振起			

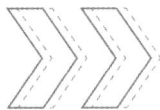

电站运维管理

序 言

　　察势者智，驭势者赢。推进中国式现代化是新时代最大政治，高质量发展是全面建设社会主义现代化国家首要任务。能源电力是以高质量发展全面推进中国式现代化战略工程、先导任务、坚实支撑。大力发展抽水蓄能，是推动能源电力行业转型发展，实现"双碳"目标，全面支撑中国式现代化重要着力点。党的二十届三中全会，对健全绿色低碳发展机制、加快规划建设新型能源体系作出重要部署。《中共中央　国务院关于加快经济社会发展全面绿色转型的意见》明确提出，科学布局抽水蓄能、新型储能、光热发电，提升电力系统安全运行、综合调节能力。国家电网有限公司站在当好新型电力系统建设主力军战略高度，出台加快推进抽水蓄能（水电）高质量发展重点措施，推动能源电力绿色低碳转型，更好支撑、服务中国式现代化。

　　作为抽水蓄能行业主力军、专业排头兵，国网新源集团有限公司以服务电网安全稳定高效运行为基本使命，坚持以国家电网有限公司战略为统领，大力推进集团化、集约化、专业化、平台化建设，增强核心功能，提高核心竞争力，努力建设成为国内领先、世界一流的绿色调节电源服务运营商，注重发展和安全、改革和稳定"两个统筹"，强化市场意识、经营意识、竞争意识、效率意识，引导规划政策、价格政策、开发管理政策，健全生产运维体系、建设管理体系、技术管理体系、经营管理体系，不断强化基层、基础、基本功，全面加强技术监督体系、同业对标体系建设，在推进抽水蓄能高质量发展中走在前作表率，为国家电网高质量发展作出积极贡献。

　　千秋基业，人才为本。生产技能人员是抽水蓄能人才队伍基础力量。近年来，国网新源集团有限公司坚持人才引领发展战略地位，大力实施电力工匠塑造工程，构建以"为人才成长助力、为业务发展赋能"为使命的"四全"人才培养体系，健全培训全要素，完善培训全流程，覆盖职业全周期，支撑集团全专业，不断提升生产技能人员培养系统性、实效性，为抽水蓄能发展提供了有力技能支撑、人才保障。

　　围绕决胜"十四五"，布局"十五五"，国网新源集团有限公司纵深推进新时代人才强企战略，拓宽人才发展通道，构建"领导职务、职员职级、科研、技能"四通道并行互通的人才发展体系，构建思想引领有力、服务发展有为、赋能增智有方、支撑保障有效的教育培训新格局，加大生产技能人员培养使用力度，更好发挥生产技能人员专业支撑、技艺革新、经验传承作用。

作为生产技能人员队伍重要组成部分，抽水蓄能电站生产准备员工核心专业知识、核心专业技能水平，事关抽水蓄能电站高质量发展，事关《抽水蓄能中长期发展规划（2021～2035年）》落地见效。为加快建设知识型、技能型、创新型抽水蓄能电站生产准备员工，更好传承核心专业知识、核心专业技能，国网新源集团有限公司组织华东天荒坪抽水蓄能有限责任公司、浙江仙居抽水蓄能有限公司、华东宜兴抽水蓄能有限公司等15家单位，150余名具有丰富教育培训、生产技能经验专家，历时3年，编写《抽水蓄能电站生产准备员工系列培训教材》。

本套教材共7个分册，全景式介绍抽水蓄能电站生产准备基本知识、基本技能，以及电站运维管理、电气一次设备运检、机械设备运检、电气二次设备运检、水工建筑物及辅机设备运检知识和技能。本套教材遵循科学性、实用性、通用性、特色性原则，创新基础理论、实操技能、典型案例的三元融合模式，努力打造抽水蓄能电站生产准备员工"工具书"，填补同类培训教材市场"空白"。

本套教材主要使用对象是抽水蓄能电站生产准备员工，以及抽水蓄能行业科研技术人员、大专院校师生。通过研读本套教材，有助于快速提升抽水蓄能电站生产准备员工核心专业知识、核心专业技能，加快补齐知识短板、夯实技能底板、锻造特色长板，为抽水蓄能行业高质量发展贡献国网新源力量，为全面推进中国式现代化作出新的更大贡献。

电站运维管理

前 言

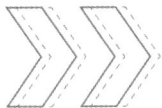

在全球能源格局加速调整、绿色低碳发展成为时代主题的当下，抽水蓄能作为构建新型电力系统的关键支撑，其重要性愈发凸显。国家能源局发布的《抽水蓄能中长期发展规划（2021～2035 年）》中明确指出，要加快抽水蓄能电站核准建设，到 2030 年，抽水蓄能投产总规模较"十四五"再翻一番，达到 1.2 亿 kW 左右。加快推进抽水蓄能事业发展，离不开一支高素质的生产准备员工队伍。

为加快抽水蓄能生产准备员工队伍建设，提高生产准备员工培训的系统性、针对性和时效性，促进抽水蓄能电站高质量发展，国网新源集团有限公司组织集团范围内具有丰富培训教学和管理经验的专家编写了本套教材。

本套教材共 7 个分册，全面阐述了生产准备员工应具备的基本知识、基本技能、各设备运维技能和管理技能。内容遵循科学性、实用性、通用性、特色性的原则，解读相关工作原理与工作要求，介绍相关典型案例，集理论与实践一体，体现了教育培训"工具书"的特点，做到了培训知识和培训实践有机结合。

本套教材编写工作于 2022 年 10 月启动，经过多次编审，不断完善改进，形成终稿。参与编写工作的人员来自国网新源集团有限公司、国网新源集团有限公司丰满培训中心、山东泰山抽水蓄能有限公司、华东桐柏抽水蓄能发电有限责任公司、华东天荒坪抽水蓄能有限责任公司、浙江仙居抽水蓄能有限公司、华东宜兴抽水蓄能有限公司、华东琅琊山抽水蓄能有限责任公司、安徽响水涧抽水蓄能有限公司、福建仙游抽水蓄能有限公司、河南宝泉抽水蓄能有限公司、湖南黑麋峰抽水蓄能有限公司、辽宁蒲石河抽水蓄能有限公司等 15 家单位，共 150 余人。

鉴于经验水平和编制时间有限，本套教材难免存在疏漏之处，恳请各位专家和读者提出宝贵意见，使之不断完善。

《抽水蓄能电站生产准备员工系列培训教材》编委会

2025 年 1 月

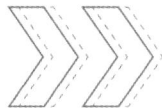

电站运维管理

目 录

第一章　设备运行管理

本章概述

本章主要介绍设备运行管理相关内容，包含操作票管理、工作票管理、设备巡回检查管理、交接班管理、设备定期试验轮换管理、运维钥匙管理、防误操作管理、生产管理系统使用说明等八部分内容。

学习目标

学习目标	
知识目标	1. 掌握设备巡回检查要求。 2. 掌握交接班内容及要求。 3. 掌握运维钥匙分类及管理要求。 4. 掌握防误闭锁钥匙管理要求。
技能目标	1. 掌握操作票的填写要求，能进行操作票的拟票、审核、模拟预演及审批，操作票的执行。 2. 掌握工作票的填写、签发与接收要求，能进行安全措施布置、工作票许可、工作票实施与变更、工作票终结等操作。

第一节　操　作　票　管　理

一、操作票概述

1. 术语及定义

（1）操作票：在电力系统中，为保证电气设备倒闸操作、电厂动力设备操作等遵守正确的顺序，必须由操作人填写操作的内容和顺序的票据。

（2）操作人：操作票现场执行过程中实际操作设备的人员，操作人应按照操作顺序填写操作票的操作内容。

（3）监护人：监护操作中负责审核操作票的操作内容和顺序，并对其正确性负责，在操作票现场执行过程中监护操作人进行现场操作的人员。

（4）值长：本节中指操作票审批人。

（5）发令人：有权发出操作指令的人员，本节中指值长。

（6）受令人：有权接收操作指令的人员，本节中指操作人员（监护人和操作人）。

2. 操作票执行流程

操作人拟写操作票，监护人审核操作票，模拟预演后，将操作票发送至值长进行审批。受令人接收到发令人正式操作指令后，组织人员开始操作，操作过程严格执行"监护复诵"制度，并依次执行操作票所列操作项目。操作完毕后，受令人向发令人汇报操作情况。操作开始前及完毕后，值长应将操作任务信息和完成情况告知值守人员。

二、操作票管理内容

1. 总体要求

（1）操作票中操作人、监护人和值长应由熟悉现场设备、现场运行规程及安全规程，以及经各单位批准的人员担任。

（2）操作票操作人、监护人和值长应了解清楚操作目的、操作顺序及操作过程中的危险点，以及危险点的预控措施。

（3）操作票应按规定填写，填写要求详见《国网新源公司两票管理办法》。操作票的填写、审核和审批应在生产管理系统中按流程要求进行，当系统故障时，应使用手写操作票，待系统恢复后，再补录入相关信息。

（4）设备操作分为电气设备倒闸操作和机械设备隔离操作两种（不包括机组自动启停操作）。电气设备倒闸操作应为监护操作，并应全过程录音，不允许单人操作和检修人员操作。机械设备隔离原则上也应采用监护操作，若确实需要单人操作，应有可单人操作的设备、项目及人员名单。

2. 操作票拟票

值长根据调度操作令或工作票任务确定操作票的操作任务，并通知操作人拟写操作票。拟票人应根据操作任务要求，核对实际运行方式，核对系统图，认真填写操作项目，严禁直接套用典型操作票。操作项目中的直接操作内容和检查内容不得并项填写，验电和装设接地线（合、分接地开关）应分项填写。

3. 操作票审核及模拟预演

操作人拟票完毕后，由监护人负责对操作票的正确性进行审核，核实操作项目内容是否正确。操作票审核合格后，电气设备倒闸操作票还要进行操作票模拟预演。电气设备倒闸操作票的监护人应事先打印一份纸质的操作票，会同操作人对照模拟图板、五防系统或与现场一致的图纸进行模拟预演，确认操作顺序正确。在模拟预演过程中还要确认危险点分析及预控措施是否恰当。电气设备倒闸操作票模拟预演无误后，危险点预控分析及预控措施检查恰当后，监护人方可在生产管理系统中签名确认，并交给审批人。原则上，监护人不得修改操作票，一旦发现错误或异常，应退回操作人重新修改。

4. 操作票审批

值长对操作票的必要性和安全性负责，应对操作票操作任务是否与操作指令一致、操作项目内容是否正确、危险点预控分析及预控措施是否恰当等再次检查、审核。审核无误后正式生成纸质的操作票（含对应的危险点分析控制单），逐项告知操作人和监护人，在相应栏打"√"确认并录音。

5. 操作票执行

（1）接到当班值长批准的操作票后，在实际操作前，监护人还应先核对电站接线方式、机组运行情况等，开展危险点分析，交代操作人安全注意事项。

（2）到达现场后，操作人和监护人应认真核对被操作设备和有关辅助设备的名称、编号和实际状态。一般情况下，操作人应面向设备站立，监护人站在其侧后方进行监护。整个操作过程中，操作票和钥匙应由监护人手持。

（3）监护人记录操作开始时间，正式开始操作。监护人应按照操作票填写的顺序逐项高声唱票，操作人手指待操作设备的标识高声复诵。监护人确认设备名称及编号与复诵内容、操作票内容等相符后，下令"对，执行"，操作完毕后，操作人回答"操作完毕"。监护人应严格按操作票顺序操作，逐项打"√"，严禁跳项操作、打"√"。

（4）操作完毕，监护人应认真检查操作质量，确认无误后，在对应栏内打"√"，对重要项目记录操作时间。若该操作项目还涉及上锁或悬挂接地线，则应在"锁号（地线编号）"栏内填写相应的锁号或接地线编号。操作票上涉及接地开关（接地线）应立即登记。

6. 操作汇报及终结

（1）操作票上的操作项目全部操作完毕，监护人在操作票最后一页及第一页记录"操作结束时间"，在每张操作票上指定位置盖"已执行"章，并向值长汇报操作情况，值长告知值守人员操作完成情况。

（2）监护人应及时在生产管理系统中回填纸质操作票有关终结信息，并将纸质的操作票按规定存放。

第二节 工 作 票 管 理

一、工作票概述

1. 术语及定义

（1）工作票：在电力生产现场、设备、系统上进行检修作业的安全许可证，也是执行保证安全技术措施的书面依据，是检修工作负责人、工作许可人双方共同持有、共同强制遵守的书面安全约定。包括第一种工作票、第二种工作票、（水力）机械工作票、工作任务单、电力监控工作票及电力通信工作票。

（2）工作票四种人：工作票签发人、工作负责人、工作许可人、专责监护人。

（3）电力生产区域：与电力生产有关的运行、检修、施工安装、试验、修配场所，以及生产仓库、汽车库、线路及电力通信设施的走廊等。

2. 工作票执行流程

原则上工作负责人填写工作票，工作票签发人审核并签发工作票。值长接收并审核工作票，工作许可前告知值守人员工作任务、内容及计划工作时间，值长组织隔离操作。操作完毕后，工作许可人会同工作负责人现场办理工作票许可手续。工作开始前，工作负责人对全体工作班成员进行安全交底。工作过程中，需要变更人员或工作任务时应履行变更手续。工作结束后，工作负责人办理工作终结手续，并由值长告知值守人员工作完成情况。

二、工作票管理内容

1. 总体要求

（1）工作票票面统一为 A4 纸大小。

（2）每份工作票包含工作票及其对应的危险点分析预控卡。

（3）在生产单位电力生产区域内工作时，工作票签发人、工作许可人必须由生产单位人员担任。

（4）工作票的填写、审核和审批应在生产管理信息系统中按流程要求进行，当系统故障时，应使用手写工作票，待系统恢复后，再补录入相关信息。

（5）填用事故紧急抢修单的工作：事故紧急抢修可不用工作票，但应使用事故紧急抢修单；非连续进行的事故修复工作，应使用工作票。

（6）生产单位安全监察部负责定期组织工作票四种人资格审核、审查工作。

（7）可以使用一张工作票的工作，参照《国家电网公司电力安全工作规程（变电部分）》和《国家电网公司电力安全工作规程（水电厂动力部分）》执行。

（8）第二种工作票可采取电话许可方式，但应录音，并各自做好记录。采取电话许可的工作票，工作所需安全措施可由工作人员自行布置，工作结束后应汇报工作许可人。

2. 工作票的填写与签发

（1）原则上工作票应由工作负责人填写，工作票签发人对工作票的全部内容确认无误后签发，同时将工作票全部内容向工作负责人交代清楚。若工作票由工作票签发人填写，签发工作票时，工作票签发人同样应将工作票全部内容向工作负责人交代清楚。

（2）工作票应采用生产管理信息系统打印的票样，由工作票签发人审核无误，电子签名签发。

（3）工作票的工作范围、计划工作时间均不得超过对应停役申请所批准的范围，其所列安全措施中最边界的安全措施不得超过停役申请单中的最边界安全措施范围。

（4）电气工作票中，工作许可人与工作负责人不得互相兼任。若工作票签发人兼任工作许可人或工作负责人，应具备相应的资质，并履行相应的安全责任。（水力）机械工作票中，工作票签发人、工作负责人和工作许可人三者不得兼任。

3. 接收工作票

（1）工作负责人负责通过生产管理信息系统将已签发的工作票送达值长。第一种工作票、（水力）机械工作票一般应在工作前一日送达；第二种工作票可在进行工作的当天预先交给值长；临时工作票可在工作开始前直接交给值长。

（2）值长在收到工作票时，应及时对该工作票上填写的内容进行审核，尤其是检修要求安全措施。如发现工作票所列的安全措施错误或不全等问题，应拒绝收票并退回。如有其他不清楚之处，应向工作负责人或工作票签发人询问清楚后方可接票。

4. 布置安全措施

（1）值长根据工作票计划开工时间、安全措施内容、停复役申请单，以及现场设备实际情况，确定操作任务，安排人员填写操作票，告知值守人员后方可进行隔离操作。

（2）工作票内所列的全部安全措施必须在开工前一次做完。安全措施执行完毕后，由工作许可人在值长的安排下，填写工作票中安全措施栏相关内容，并联系工作负责人办理开工手续。

5. 工作票许可

（1）工作许可人在确认完成检修工作的安全措施后，应对工作票进行编号，并打印出纸质的工作票（运行联、检修联），会同工作负责人手持纸质工作票，共同到现场检查确认所做的安全措施。工作负责人和工作许可人双方确认无误后，工作许可人和工作负责人分别在运行联和检修联打"√"确认，并填写许可工作时间，工作票许可开始、终结时间应在计划工作时间或延期时间范围内。双方分别在工作票运行联和检修联的相应位置上手工签名，完成许可手续。工作许可过程宜进行录音。

（2）许可手续完成后，工作许可人将检修联工作票交给工作负责人随身携带，检修联工作票应保存在工作现场。工作许可人应收执运行联工作票，立即向值长汇报，及时在生产管理信息系统内登记相关信息；值长向值守人员告知相关情况。运行联工作票应按班次移交。

6. 工作票实施与变更

（1）开工交代。

1）工作负责人办妥工作票许可手续后，持有工作票，方可带领工作班全体人员进入检修（施工）现场。

2）工作开始前，工作负责人应对全体工作班成员交代清楚工作内容、工作地点、现场安全措施、人员分工（含专责监护人及其监护的人员、工作等）、现场带电带压等安全注意事项等，进行危险点分析预控，落实相应的预控措施。

3）工作负责人交代完成后，应在危险点分析预控卡上签名确认，并督促工作班全体成员在危险点分析预控卡上签名确认。

（2）工作监护。监护工作按照《国家电网公司电力安全工作规程（变电部分）》和《国家电网公司电力安全工作规程（水电厂动力部分）》规定执行。

（3）工作变更。涉及工作负责人变动、工作班成员变动、工作任务增加、安全措施变更、工作票的延期等情况，按照《国家电网公司电力安全工作规程（变电部分）》和《国家电网公司电力安全工作规程（水电厂动力部分）》规定执行。

（4）工作间断与转移。工作间断与转移按照《国家电网公司电力安全工作规程（变电部分）》和《国家电网公司电力安全工作规程（水电厂动力部分）》规定执行。

（5）工作试运。工作试运按照《国家电网公司电力安全工作规程（变电部分）》和《国家电网公司电力安全工作规程（水电厂动力部分）》规定执行。

7. 工作票终结

（1）第二种工作票和（水力）机械工作票的工作票终结：

1）工作许可人现场验收合格后，应与工作负责人一起，分别在工作票运行联和检修联的"工作票终结"栏上注明验收时间，并签名。

2）工作许可人还应在工作票运行联和检修联的指定位置加盖"已终结"印章，表示工作票终结。

（2）第一种工作票的工作票终结：

1）工作许可人现场验收合格后，应与工作负责人一起，分别在工作票运行联和检修联的"工作终结"栏上注明验收时间，并签名。

2）工作许可人还应在工作票运行联和检修联的指定位置处盖"工作结束"印章，表示工作终结。

3）如由电站管辖设备，当同一停电系统或同一停役隔离系统的所有工作全部结束，临时遮栏、标示牌已拆除，常设遮栏已恢复后，在得到值长复役操作指令后，执行复役操作。当合上的接地开关、装设的接地线全部拉开或拆除后，由工作许可人将已拉开的接地开关、拆除的接地线的编号、数量填入工作票运行联"工作票终结"栏中；值长在工作票运行联指定位置处盖"已终结"印章，表示工作票终结。

4）如由上级调度管辖设备，当同一停电系统或同一停役隔离系统的所有工作全部结束，临时遮栏、标示牌已拆除，常设遮栏已恢复后，由调度下令操作的接地开关（接地线）暂未拉开或拆除，在工作许可人现场核实后，将未拉开或拆除的接地开关（接地线）汇报值长，由值长通知值守人员向上级调控人员汇报，并填入工作票运行联的"工作票终结"栏。工作许可人在工作票运行联指定位置处盖"已终结"印章，表示工作票终结。在同一停电系统的所有工作票都已终结或同一停役隔离系统的所有工作票都已终结，并得到调度值班员、值长的许可指令后，方可执行调度复役操作指令。

（3）工作负责人（含外来人员担任的工作负责人）应向工作票签发人汇报工作任务完成

情况及存在的问题，将所持工作票检修联交回所在部门或班组专门管理。

（4）工作许可人应向值长汇报工作票终结情况，将所持工作票运行联交给值长，并及时在生产管理信息系统中录入相关信息。

（5）值长向值守人员告知相关情况，值守人员应做好值班记录。

第三节　设备巡回检查管理

一、设备巡回检查概述

1. 术语及定义

设备巡回检查：运维人员对所负责设备进行周期性定时、定路线、定项目的检查，其目的是及时掌握设备的运行状况，及时发现事故预兆、排除故障。设备巡回检查包括日常巡检和特殊巡检（即特巡）。

2. 管理环节

生产单位运行部制订设备巡回检查的路线、内容和要求。值长布置设备巡回检查任务。巡回检查人员按照计划开展设备巡回检查工作，发现缺陷应填报缺陷单，并及时告知值长，并在生产管理信息系统上传巡回检查记录。值长对巡回检查记录进行审核、批准。

二、设备巡回检查管理内容

1. 总体要求

（1）值长负责安排每日巡回检查人员工作计划。

（2）巡检时应做好个人安全防护，携带必要的安全用具和巡检移动终端、手电筒等辅助工具，不准进行其他工作，不准移开或越过遮栏，不得擅自变更安全措施或设备运行方式。

（3）巡检时应做到"六到"，即走到、看到、听到、摸到、嗅到、分析到。应重点关注无法上送异常信号至监控系统的情况，如设备异响、异味、异常振动、水机设备跑冒滴漏等情况，对设备运行薄弱环节应加强跟踪。

（4）巡检工作巡检时发现异常应及时汇报值长。当发现危及人身或设备安全的紧急情况时，应按照现场处置方案进行处理，并汇报。巡检结束后做好巡检记录的备案，每周对巡检情况进行总结分析。

2. 检查周期要求

（1）设备巡回检查的范围、内容和周期，应结合运行规程、设备导则等标准规范制订。

（2）电站机组等主要设备，如发电电动机及其附属设备、水泵水轮机及其附属设备、主变压器设备、气体绝缘开关设备（GIS）、静止变频启动器（SFC）、出线场设备、厂用电设备等应至少每天巡回检查1次。

（3）电站其他设备（如公用辅助设备、上水库设备、下水库设备等）应至少每周巡回检查1次。

（4）机组运行期间，应安排1次有针对性的巡回检查。

3. 执行设备巡回检查

（1）巡回检查人员在工作过程中不得做与巡回检查工作无关或其他未经批准的工作。

（2）应携带手电筒、测量表计、测温仪等必要的检查用具，及时记录有关数据和检查结果。

（3）应按照现场安全规程要求，做好个人安全防护，携带必要的安全用具。高压电气设备的巡回检查，还应遵守《国家电网公司电力安全工作规程（变电部分）》相关规定。

（4）巡回检查工作需要打开的设备房间门、开关箱、配电箱、端子箱等，在检查工作结束后应随手关好。

（5）进入危险区（如地下孔洞、沟道）或接近危险部位（如高压电气设备、机器的旋转部分）检查时，应遵守《国家电网公司电力安全工作规程（变电部分）》《国家电网公司电力安全工作规程（水电厂动力部分）》相关规定，携带必要的安全工器具，并做好针对性的安全防护措施。

（6）检查人员到达现场后应首先检查是否有明显异常情况，如漏水、漏油、漏气、设备变形、异响、异味等，然后再根据巡检项目对设备进行检查。

（7）除正常检查内容外，还应重点关注：

1）设备薄弱环节和易损、易耗部件。

2）设备重负荷、过负荷、轻负荷时各部件发热、振动及结露情况。

3）设备有隐患或频发性缺陷的部件。

4）设备因热胀冷缩易损坏、渗漏部件等。

（8）工作过程中，检查人员应保持通信畅通，若发现异常：

1）当发现设备参数或状态不正常时，应立即向值长报告；值长告知值守人员相关情况。

2）当发现危及人身和设备安全的异常情况时，应按照现场事故处理规程先进行处理，然后再汇报。

3）如发现一般缺陷，可在巡回检查任务完成后，一并向值长报告，值长告知值守人员相关情况。

4）当发现危急、严重缺陷或者威胁设备安全运行的设备隐患时，应立即向值长报告，接受值长的指令进行现场处理；值长告知值守人员相关情况。

（9）工作过程中，应遵守《安全生产工作规定》和《防止电气误操作安全管理规定》的相关规定，不允许随意拆除检修安全措施或挪动遮栏，不许擅自变更安全措施或设备运行方式。

（10）检查工作结束后应：

1）立即向值长汇报巡视情况。

2）及时将设备巡回检查记录上传到生产管理信息系统，值长应及时审核。

3）及时录入发现的设备缺陷。

4）将安全用具、检查用具、钥匙等放置原位。

4. 特殊情况下的设备巡回检查

（1）火灾、地震、台风、冰雪、洪水、泥石流、沙尘暴等灾害发生时，应尽量不安排或少安排户外设备巡回检查工作。如确实需要进行检查，经过分管领导批准，并至少两人一组。

（2）下列情况下应针对性地进行设备特巡：

1）设备异常或带缺陷运行时。

2）机组运行方式特殊或主要辅助设备失去备用时。

3）电网或厂用电系统处于特殊运行方式时。

4）气候条件变化（如洪水、地震、雷雨、大风、大雪、大雾、高温、低温）对其有影响的设备。

5）新投产设备、大修或改进后的设备第一次投运时。

6）发生事故的同类设备或可能受其影响的设备。

第四节 交 接 班 管 理

一、交接班概述

1. 术语及定义

交接班：电厂连续生产过程的一个重要环节，是按时间规定进行同一岗位之间工作的交接，是保证运行安全、经济、文明生产得以连续进行的一种管理机制。具体指在某一轮换周期内，从事值守、操作、随时待命（ONCALL）的人员按照既定的时间、地点和排班方式就现场设备运行情况、安全注意事项、管理要求等事项进行的交接工作。

2. 管理环节

运行部制订交接班管理实施办法，明确值守、操作组交接班内容、时间、地点等，运行部负责交接班管理工作。

二、交接班管理内容

总体要求：

（1）交接班分为值守交接班、操作组交接班。

1）值守交接班是指值守人员按照排定的轮值顺序进行交接。交班人员应在交班前30min做好准备工作，接班人员应在接班前15min达到现场。交班人员应根据交接班内容，向接班人员逐项交代清楚，交接班双方确认签名后，交接班结束。

2）操作组交接班是指操作组人员之间按照排定的值班表进行交接。操作组由值长负责组织交接班工作。交班人员应在交班前 30min 做好准备工作，接班人员应在接班前 15min 到达现场。交班人员应根据交接班内容，向接班人员逐项交代清楚，交接班双方确认签名后，交接班结束。

（2）值守人员负责组织值守交接班。值长负责组织操作组交接班工作。

（3）交接班应在预定的地点和时间开展交接班工作。原则上，交接班人员、交接班轮值、地点及时间一经确定，不得擅自更改。若需调整必须事先征得部门负责人同意。

（4）交班人员在交接时应做到"五交代"：

1）交代运行方式，设备启停、切换、试验及注意事项。

2）交代设备检修情况及所做好的安全措施。

3）交代设备运行状况、缺陷，以及为预防事故所做的措施。

4）交代调度、上级的指示、命令、布置的任务，以及落实、完成的情况。

5）交代危险点、薄弱环节及需注意的安全事项。

（5）接班人员在接班时应做到"六清楚"：

1）全厂机组等主要设备运行方式清楚。

2）设备运行状况、存在的缺陷及防范措施清楚。

3）现场所做的安全措施清楚。

4）电力调度、上级领导、部门的指示、命令、布置的任务清楚。

5）本班将要进行的工作及危险点、安全注意事项清楚。

6）有疑问的情况要向交班人员询问清楚，必要时应到现场了解清楚。

（6）遇下列情况之一时，不得交接班：

1）在事故处理和重要操作进行过程中。

2）在重要试验关键步骤进行过程中。

3）接班人员出现精神异常或醉酒，不能胜任值班工作，交班人员应拒绝交班并立即向部门负责人汇报。

4）交接班准备工作未做好。

5）上级命令、指示交代不明确或有关技术记录、异动情况交代不清楚。

6）在交接班过程中发生事故时，仍由交班人员负责处理，接班人员可在交班人员的统一指挥下协同处理，若交接双方已签名，则发生事故由接班人员处理，交班人员协助。

（7）交接班地点应具备能查阅所有交接班内容所需设备、材料等的条件。

（8）交接班前 15min 内，一般不进行重大操作。若交接班前正在进行操作或事故处理，应在操作、事故处理完毕或告一段落后，再进行交接班。

第五节 设备定期试验轮换管理

一、设备定期试验轮换概述

1. 术语及定义

（1）设备定期工作：包括设备定期启动、定期轮换与试验，做好设备定期试验和轮换工作，能及时发现设备故障和隐患，及时处理或制订防范措施，从而保证备用设备的正常备用和运行设备的长期安全可靠运行。

（2）设备定期启动：运行设备或备用设备进行动态或静态启动，以检测运行或备用设备的健康水平，确保其在应急状态下的启动或切换成功。

（3）设备定期轮换与试验：设备定期轮换是指运行设备与备用设备进行轮换运行的方式。设备定期试验是指运行设备或备用设备进行动态或静态启动、传动，以检测运行设备和备用设备的健康水平。

2. 管理环节

设备定期工作年度工作计划，经分管领导批准后发布。设备定期启动、定期轮换与试验执行完毕后由执行人向当班值长汇报定期工作执行情况，并及时在生产管理信息系统中回填执行记录。

二、设备定期试验轮换管理内容

1. 总体要求

（1）为防止设备性能劣化或降低设备失效的概率，应按计划或相应技术条件规定开展设备定期工作。

（2）设备定期工作执行完毕后，应进行相关试验，确认设备运行功能正常。

2. 工作执行

（1）设备定期工作执行应遵守《国家电网公司电力安全工作规程》和公司相关管理手册的要求。定期启动、定期轮换与试验工作执行应经当班值长同意。

（2）设备定期工作过程中发现设备异常和设备缺陷，按照各电站缺陷管理办法的有关要求执行。

（3）各单位应编制本单位专业设备定期工作记录单，规范工作项目对应的工艺质量标准、检查方法、设备状态，以及记录类型等内容，明确工作记录要求，逐步实现定期工作数据记录的结构化。

（4）设备定期工作执行完毕后，应及时在生产管理信息系统中回填执行记录。

（5）定期工作工单中部分项目因故无法在计划时间内执行的，应如实填写未执行原因，并履行年度计划变更程序。

第六节 运维钥匙管理

一、运维钥匙概述

1. 术语及定义

（1）运维钥匙：电站管辖范围内所有生产区域的水工和机电设备房间门、设备盘柜门、设备装置本体，以及因设备检修工作安全隔离临时装设的各种形式锁具的钥匙，包括设备控制回路的运行方式切换钥匙。运维钥匙不包括办公、生活区域及其相关设施的锁具钥匙。

（2）五防：为确保人身安全，对高压电气设备应具备五种防误功能的简称。分别为防止误分、误合断路器，防止带负荷拉、合隔离开关或手车触头，防止带电挂（合）接地线（接地开关），防止带接地线（接地开关）合断路器（隔离开关），防止误入带电间隔。

（3）一类钥匙：五防防误装置解锁钥匙，以及打开后容易触及高压带电部位且未设五防装置的单一锁具钥匙〔如发电机内风洞门钥匙、裸露电抗器网门钥匙、干式变压器高低压线圈柜门钥匙、机组电压互感器（TV）柜门钥匙、开关柜独立避雷器间隔钥匙、发电机裸露中性点设备钥匙等〕。

（4）二类钥匙：当机械设备检修过程中，在工作地点与危险源（如高压水、气、油等）之间的隔离装置上加装的移动式机械锁具钥匙，如普通挂锁、链条锁等。

（5）三类钥匙：一般设备钥匙（包括盘柜通用钥匙、电梯机械钥匙、设备运行方式切换钥匙、SFC盘柜逻辑钥匙、发电机外风洞钥匙等），以及平时需锁门的重要设备房间门钥匙（如机组母线洞室钥匙、蓄电池室钥匙、GIS室钥匙、SFC设备室钥匙、继保室钥匙、变压器室钥匙、厂用配电室钥匙、进出水口闸门室钥匙等）。

（6）门禁卡：设备房间门上的锁改成门禁系统，所配置的门禁卡。门禁卡的出入权限设置依据安全监察部下发的人员权限名单办理，管理方式等同于三类钥匙。

2. 管理环节

运维钥匙分为一类钥匙、二类钥匙、三类钥匙和门禁卡，实行分类管理。钥匙的借用、登记、使用和归还应履行相关手续。

二、运维钥匙管理内容

1. 总体要求

（1）运行部应安排专人管理运行钥匙，建立并维护运行钥匙台账，对钥匙按照"集中管理，分类编号存放"的原则进行定置管理，按设备名称编写运行钥匙名称，并按钥匙分类放于不同的钥匙箱内。除二类钥匙只有编号外，所有运行钥匙均需有双重名称。

（2）一、二、三类钥匙必须实行钥匙箱内定置管理；门禁卡可发放给个人，由各单位运行部根据用户工作需要办理临时权限开通。

2. 运维钥匙使用管理

（1）钥匙使用管理原则。

1）运维钥匙按值移交，对于一、二类钥匙的使用必须纳入交接班内容，操作、ONCALL组交接班后须全面核对运维钥匙使用情况。

2）运维钥匙使用中，发现钥匙命名标签脱落、损坏，必须及时通知运行部钥匙维护管理人员更新。

3）一、二类钥匙仅供操作（ONCALL）人员使用，三类钥匙可以借给相关人员使用，相关人员门禁卡权限的开通参照三类钥匙借用规定。

4）一类钥匙的使用，必须按五防防误装置解锁钥匙使用规定，履行现场确认签名手续，填写一类钥匙使用确认单，并在生产管理信息系统相应模块中做好登记。

5）三类钥匙的借用和归还均必须在生产管理信息系统中及时做好登记。

6）无自动保存记录功能的门禁系统，门禁卡的借用和归还应在生产管理信息系统中及时做好登记。

（2）一类钥匙使用管理。

1）一类钥匙由操作（ONCALL）人员使用，不许外借给其他人员使用。

2）一类钥匙不得少于两把，一把作为正常使用，一把供紧急时使用。

3）一类钥匙必须定置、封存管理，一类钥匙箱密码应定期更换。使用一类钥匙必须按要求在一类钥匙使用登记表做好使用记录。

4）正常停、复役及倒闸操作情况下，严禁使用五防防误装置解锁钥匙，使用其他一类钥匙应由操作人员（监护人员）申请并填写一类钥匙使用确认单，完成线下或线上审批，经值长同意并签字后，方可操作。

5）电气设备检修时需要对检修设备解锁操作，应由检修人员提出申请，完成线下或线上审批，由安全专工、值长、运行部负责人同意签名后，方可进行监护（操作、ONCALL组人员）解锁操作。

6）一类钥匙使用后，必须及时收回。

7）五防防误装置解锁钥匙使用应执行防误装置相关管理制度，见本章第七节"防误操作管理"。

（3）二类钥匙使用管理。

1）二类钥匙为移动式锁具钥匙，作为检修设备隔离用，当锁具使用后，对应的锁具钥匙即为二类钥匙。

2）作为二类钥匙的锁具，应统一定置，在锁具本体和钥匙上均作统一编号。

3）二类钥匙锁具启用后，锁具上的二类钥匙全部拔下，并置于钥匙箱。

4）二类钥匙视情况单独设立钥匙箱，或纳入三类钥匙箱中管理。

5）二类钥匙在相应工作结束后，设备恢复时才能取用。特殊情况下需使用时，需报经值长同意。

6）二类钥匙由操作（ONCALL）人员使用，不得外借给其他人使用。

（4）三类钥匙使用管理。

1）三类钥匙至少应有三把，由现场钥匙使用管理人员负责保管，按值移交。一把专供紧急时使用，一把专供从事值守、操作和 ONCALL 业务的运维人员使用，其他可以借给经批准的巡视高压设备人员和经批准的检修、施工队伍的工作负责人使用，但应在生产管理系统中登记借用人、用途、借出时间及借出人，巡视或当日工作结束后交还，并在生产管理系统中登记归还记录。三把钥匙必须分类存放于不同三类钥匙柜内。

2）从事值守、操作和 ONCALL 业务的运维人员使用三类钥匙，可不做登记，但在使用前必须汇报值长，用后及时放回原处。

3）非生产人员或外单位无关人员，不得借用三类运维钥匙。若上述人员需到现场进行参观巡视，则必须由本单位具备资格人员陪同，并办理钥匙借用手续。

4）供紧急使用的钥匙不得外借。使用紧急钥匙必须汇报值长并在生产管理信息系统中做好记录，用后及时放回原处。

（5）门禁卡管理。

1）门禁卡必须具备权限开通功能。

2）从事值守、操作、ONCALL 及运维业务人员进行轮换后，应及时调整门禁卡权限。

3）门禁系统中必须保存相关门禁系统出入记录一年以上。

4）门禁系统应具备装置断电即自动开门的功能。

第七节　防误操作管理

一、防误操作概述

1. 术语及定义

（1）防误闭锁装置：为防止工作人员发生误操作而装设的对设备操作流程、操作回路、操作位置等进行闭锁和提示的装置，包括微机防误闭锁装置、电气闭锁、电磁闭锁装置、机械闭锁装置等。

（2）强制性防误闭锁措施：在设备的电动操作控制回路中串联，用以闭锁回路控制的触点或锁具，在设备的手动操控部件上加装受闭锁回路控制的锁具，同时尽可能按技术条件的要求防止走空程操作。

（3）微机防误闭锁：由主计算机、电脑钥匙、电气编码锁、机械编码锁等功能元件组成，将设备操作程序（规则）或闭锁逻辑通过软件系统输入程序锁具，通过微机编码锁具实现的闭锁。

（4）电气防误闭锁：又叫电气回路防误闭锁，是将断路器、隔离开关、接地开关等设备的辅助触点接入电气操作电源回路构成的闭锁。

（5）电磁防误闭锁：将断路器、隔离开关、隔离网门等设备的辅助触点接入电磁闭锁电源回路构成的闭锁。

（6）机械防误闭锁：利用电气设备的机械联动部件对相应电气设备操作构成的闭锁。

2. 管理环节

正常情况下，防误闭锁装置必须投入运行，不允许解锁使用，特殊情况下解锁需要履行解锁手续。

二、防误操作管理内容

1. 总体要求

（1）电气设备防误闭锁可通过微机防误闭锁、电气防误闭锁、电磁防误闭锁、机械防误闭锁的形式实现。

（2）机械设备防误闭锁可通过机械编码锁、机械锁、专用闭锁用具相互配合的方式实现，用以防止误打开、误关闭事故的发生，以及防止机械设备误投入、误退出事故的发生。

（3）成套高压开关设备应具有机械联锁或电气闭锁；电气设备的电动或手动操作闸刀必须具有强制防止电气误操作闭锁功能。

（4）电气防误闭锁装置应实现下述五防功能：

1）防止误分、误合断路器。

2）防止带负荷拉、合隔离开关或手车触头。

3）防止带电挂（合）接地线（接地开关）。

4）防止带接地线（接地开关）合断路器（隔离开关）。

5）防止误入带电间隔。

（5）五防功能除"防止误分、误合断路器"可采取提示性措施外，其余四防功能必须采取强制性防误闭锁措施。

2. 电气防误闭锁装置的功能要求

成套高、低压开关柜应加装防误闭锁装置，具备以下功能：

（1）当接地开关和断路器在分闸位置时，手车才能从"试验/隔离"位置移至工作位置，反之一样。在中间位置时，断路器被机械闭锁。

（2）断路器只有在手车处于"试验/隔离"位置或"工作"位置时才能合闸操作。在中间位置时，断路器被机械闭锁。

（3）高压开关柜电缆室门处于打开状态时，断路器手车不能被摇进运行位置。

（4）断路器手车在运行位置或在中间位置时，断路器室门不能被打开。

（5）高压开关柜电缆室门处于打开状态时，接地开关则不能分闸。

（6）高压开关柜接地开关在分闸位置时，高压开关柜电缆室门不能被打开。

3. 防误闭锁装置的解锁管理

（1）以任何形式部分或全部解除防误闭锁装置功能的电气操作，均视作解锁操作。

（2）防误闭锁装置的解锁工具（万能钥匙）或备用解锁工具（钥匙）必须有专门的保管和使用规定，内容包括倒闸操作、检修工作、事故处理、特殊操作和装置异常等情况下的解锁申请、批准、解锁监护、解锁使用记录等解锁规定，微机防误闭锁装置授权密码和解锁钥匙应同时封存。

（3）正常情况下，防误闭锁装置严禁解锁或退出运行。

（4）特殊情况下，防误闭锁装置解锁执行下列规定：

1）防误闭锁装置及电气设备出现异常，要求解锁操作，由操作人员提出申请，经安全专工（或防误装置专责人）现场核实无误，确认需要解锁操作，经安全专工同意并签字后，由值长同意并签字（涉及调度管辖设备还应取得当班调度员同意），并经运行部负责人同意签字后，方可使用防误闭锁装置解锁钥匙进行操作。

2）当遇危及人身、电网和设备安全等紧急情况需要解锁操作时，可经值长同意并下令紧急使用五防防误闭锁装置解锁钥匙进行操作，涉及调度管辖设备还应取得当班调度员同意。事后应告知安全专工并补充填写一类钥匙使用确认单。

3）电气设备检修需要对检修设备解锁操作时，应由检修人员提出申请，由安全专工、值长、运行部负责人同意签名后，方可进行监护（操作、ONCALL 组人员）解锁操作。

4）解锁工具（钥匙）使用后应及时封存，解锁工具（钥匙）使用、归还情况应及时录入生产管理信息系统中，记录内容包括记录所使用钥匙名称、使用人、使用时间、批准人、批准日期、用途等。

第八节　生产管理系统使用说明

一、生产管理信息系统概述

1. 术语及定义

生产管理信息系统：公司运维管理信息化平台，公司各级运维员工能够通过生产管理信息系统开展运维业务，为运维业务有效规范运转提供信息支撑。

2. 登录方式

公司各岗位运维员工均可通过公司门户网站登录该系统，点击"生产管理"登录。

二、生产管理信息系统使用内容

1. 运行管理

（1）概述。运行管理模块主要由运行相关人员使用，完成工单、定期工作等日常业务。

（2）运行管理模块业务功能。

1）运行值班：包括对运行交接班的管理、记录机组的运行方式及设备状态等。除不并网的机组试验，任何机组启停、工况转换以及跳机，无论成功与否，均要在"机组启停记录"中如实及时填写，如图1-8-1所示。

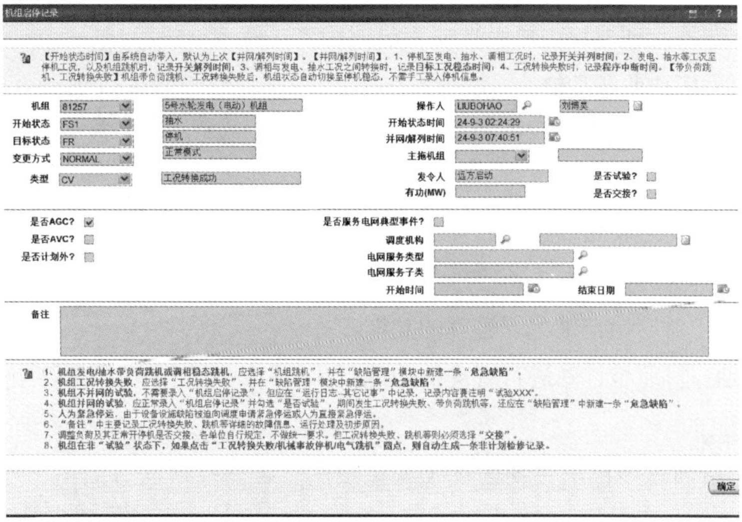

图1-8-1　机组启停记录示范

记录类型分为工况转换成功、工况转换失败、机械事故停机、电气跳机、人为紧急停运五种。其中机组启停机、抽水调相转抽水、抽水转抽水调相、发电调相转发电、发电转发电调相等工况转换，记录类型应选择工况转换成功或工况转换失败。机组稳态运行情况下，若发生跳机，则填写机械事故停机或电气跳机。若填写工况转换失败、机械事故停机或电气跳机，则"设备状态变更"中将自动增加一条机组"非计划检修"记录。

2）ONCALL值班：记录ONCALL值班情况。

3）操作票：其下设"操作票子模块"，用于管理操作票生成、审批、执行记录、操作评价、统计分析等相关信息。"典型操作票子模块"用于工作中经常用到的标准操作项目能够保存为模板，方便以后的多次使用。"操作票统计分析"用于对操作票所存在的问题进行分析，并提出整改意见，每月5日之前由运行部门在生产管理系统中完成操作票分析，统计上月操作票张数、分析存在问题及原因、填写整改计划，10日之前由安监部门完成操作票抽查（不低于总数的10%），每月15日之前领导完成审批和运行签收关闭。

4）标准操作卡：运行人员制订的预防性维护工作操作步骤。

5）定期工作：其下设"标准操作卡"，用于运行人员制订预防性维护工作的操作步骤。"定期工作"使运行人员能够定期执行生成的预防性维护工作。运行人员可根据实际情况设置"预防性维护周期"，运行人员可根据其定期工作的周期来设置定期工作产生的时间。

6）停复役：用于机组检修启停时进行记录。

7）临时电源管理：侧重于大负荷、时间长外单位人员使用的电源，需要现场配备电缆线。

8）运行记事查询：可根据具体值班的班次进行该值班班次的运行记事查询。

2. 巡检管理

（1）概述。巡检管理模块主要由巡检人员使用。

（2）巡检管理模块业务功能。

1）巡检点：对巡检点进行管理的功能。

2）巡检区域：对巡检区域进行管理的功能。

3）巡检路线：对巡检路线进行管理的功能。

4）巡检任务：对巡检任务进行管理的功能。

5）巡检记录：对巡检记录进行管理的功能。

6）巡检计划：对巡检计划进行管理的功能。

3. 培训管理

（1）概述。培训管理模块主要由运维人员使用，各篇技术问答后由出题人进行点评并签名。

（2）培训管理模块业务功能。

1）出题：出题人进行出题的功能。

2）解答及点评：答题人进行答题的功能，以及出题人进行点评的功能。

思 考 题

1. 操作票的操作项目应包含哪些内容？

2. 操作票的执行流程是什么？

3. 工作票的填写项目应包含哪些内容？

4. 工作票执行的流程是什么？

5. 工作票有哪几种？分别对应什么类型的工作？

6. 设备巡回检查应包含哪些内容？

7. 设备巡回检查执行的流程是什么？

8. 有哪些情况属于特殊情况下的设备巡回检查？遇到这些情况应该如何进行设备巡回检查？

9. 交接班应包含哪些内容？

10. 交接班执行的流程是什么？

11. 交接班中需要注意的"五交代""六清楚"指的是什么？

12. 哪些情况下不允许交接班?

13. 如何能够保证交接班不发生漏交、错交?

14. 设备定期试验轮换包含哪些内容?

15. 设备定期试验轮换的周期如何制订?

16. 无法按时完成设备定期试验轮换应该怎么做?

17. 运维钥匙有哪几个大类?

18. 一类运维钥匙的使用有什么要求?

19. 一类钥匙如何管理?

20. 防误操作有哪几个方面?

21. 防误操作装置的使用有什么要求?

22. 防误操作装置如何申请解锁?

第二章 设备维护管理

本章概述

本章主要介绍设备维护管理相关内容。设备维护管理包括设备缺陷管理、设备隐患管理、反事故措施管理、设备维修管理、设备定值管理、设备异动管理、临时措施管理，以及设备台账、设备备品备件、设备主人管理等内容。

设备维护管理是抽水蓄能电站生产管理的重要内容，其目的是保证设备安全稳定、经济环保运行，延长设备使用寿命。通过对设备的日常维护管理，消除设备上存在的缺陷或隐患，从而从根本上防止设备事故（事件）的发生。

学习目标

	学习目标
知识目标	1. 掌握设备缺陷管理、设备隐患管理、反事故措施管理相关内容。 2. 掌握设备定期工作、设备检修管理相关内容。 3. 掌握设备定值、设备异动、临时措施管理相关内容。 4. 掌握设备台账、设备备品备件、设备主人管理相关内容。
技能目标	—

第一节 设备缺陷、设备隐患、反事故措施管理

一、设备缺陷管理

（一）缺陷的定义

在生产过程中，凡不符合设备设计、安装、检修、试验、技术标准、规程或规范的要求，而影响安全运行、经济运行或正常备用要求的现象称为缺陷。具体根据不同程度可分为设备异常、危急缺陷、严重缺陷、一般缺陷、非运行措施缺陷等。

（二）缺陷分类

1. 设备异常

设备异常是指其运行参数或试验数据虽未超出规程规定，但已发生较明显的劣化趋势，需要监视运行的状态。

2. 危急缺陷

危急缺陷是指直接危及设备、设施和人身安全，需要立即将主设备、设施停止运行或退出备用进行处理的缺陷，主要有以下几种可能的情形。

（1）机组跳机：并网机组运行中跳机（含调相工况跳机）。

（2）机组工况转换失败。

（3）机组被迫停运。

（4）机组降出力运行：主要设备降低参数运行，并致机组出力降低。

（5）电气设备紧急停用：主变压器、开关、电缆、母线等高压设备故障导致紧急停用。

（6）水工设施强迫停运：水库、输水道及厂房出现故障或危及人身与设备设施安全，必须立即处理。

（7）其他危急缺陷。

3. 严重缺陷

严重缺陷是指设备、设施指标超标，但采取措施后仍可继续运行或降出力运行，需将主设备、设施退出备用才能消除的缺陷，主要有以下几种可能的情形。

（1）机组停机失败：机组停机工况转换失败后，可即时恢复机组备用。

（2）停运处理：机组、主变压器、主要输变电设备及主要水工建筑物运行参数超标或危及安全，须机组停运或降低出力、设备设施退出运行才能处理。

（3）其他严重缺陷。

4. 一般缺陷

一般缺陷是指在不停止主设备设施运行、不影响机组或全厂出力的情况下，通过设备倒换、系统隔离即可消除的缺陷。

5. 非运行设施缺陷

非运行设施缺陷是指不直接影响设备设施安全运行的缺陷，如照明灯泡不亮、门窗玻璃破损、平台栏杆断裂等。

（三）缺陷处理

设备发生缺陷应及时进行消除。对一时不能消除且威胁安全生产或系统完整的缺陷，应办理延期处理手续。缺陷的延期处理一般不得超过相应的设备检修周期。

1. 缺陷处理时限规定

（1）危急缺陷：必须在24h内消除或采取必要安全技术措施进行临时处理，并明确消除时间。

（2）严重缺陷：应在 24h 内采取临时防范措施，在一周内安排处理消除。

（3）一般缺陷：应按照一个工作日内处置的原则进行，并应在最近一次检修期间消除。

（4）非运行设施缺陷：应按照一个工作日内处置的原则进行。

2. 严重及以上缺陷的处理

（1）发现严重及以上缺陷后，责任班组应立即组织制订缺陷消除计划，抓紧开展缺陷消除工作。缺陷消除过程中必须执行相关安全、技术规程的规定，制订必要的安全技术措施，做好危险点分析。

（2）设备管理部门负责人接到严重及以上缺陷通知后，应及时指派技术专工到现场协同处理，并及时向本单位分管领导汇报情况。

（3）上级单位技术管理部门应及时掌握下属单位严重及以上缺陷处理情况，必要时安排专业人员进行现场指导。

（4）应充分利用各种有效的手段进行缺陷消除工作，使缺陷影响最小化。

3. 其他缺陷的处理

一般缺陷和非运行设施缺陷由责任班组直接启动缺陷处理流程，并力求在规定时间内消除。

4. 缺陷的延期处理

（1）各类缺陷原则上均应在规定时限内消除。对于确实因种种原因不能按规定时间消除的缺陷，应制订必要的预防措施，并办理延期消缺申请。

（2）对经批准延期处理的危急及严重缺陷，消缺负责人还应制订监视防范措施，提出运行注意事项，并经专业技术人员审核、部门负责人批准后，向运行值长或运维负责人做好交代。

（3）值长或运维负责人应向值守人员交代相关防范措施和注意事项。

（四）缺陷统计分析

生产技术部门应定期对缺陷发生及处理情况进行统计分析，分析各类缺陷的总数、专业分布情况、缺陷产生的原因，以及各类缺陷的消缺率和缺陷处理的及时性等。对影响机组、主要输变电设备和主要水工建筑物正常运行或备用的危急、严重缺陷以及重复（频发）缺陷等还应进行专题分析。

二、设备隐患管理

（一）隐患的定义

生产设备设施隐患（简称隐患）是指生产设备设施在运行过程中一些主要功能和性能指标或环境条件已不满足标准规范的要求，存在较高的安全风险，可能导致安全事件（事故）发生的不安全状态和管理问题。

设备隐患与设备缺陷具有相关性，但也有区别。已超出规定的消缺周期仍未消除的设备危急缺陷和严重缺陷，即可定性为设备隐患。对仍在规定的一个消缺周期内的设备缺陷不纳入设备隐患管理。

（二）隐患分类

根据隐患的危害程度，隐患分为重大隐患、较大隐患、一般隐患三个等级。根据隐患产生原因和导致事故（事件）类型，蓄能电站的隐患主要有设备设施、人身安全、网络安全、消防安全、危险化学品、特种设备、安全管理和其他等几类。

（1）重大隐患主要包括可能导致以下后果的安全隐患：

1）较大及以上人身事件。

2）重大设备事件。

3）重大信息系统事件。

4）水电站大坝溃决、漫坝、水淹厂房事件。

5）较大及以上火灾事故。

6）违反国家、行业安全生产法律法规的管理问题。

（2）较大隐患主要包括可能导致以下后果的安全隐患：

1）一般人身事件。

2）较大设备事件。

3）较大信息系统事件。

4）一般火灾事故。

5）其他对社会及本单位造成较大影响的事件。

6）违反其他安全生产管理规定的管理问题。

（3）一般隐患主要包括可能导致以下后果的安全隐患：

1）一般以下人身事件。

2）一般设备事件。

3）一般信息系统事件。

4）违反其他安全生产管理规定的管理问题。

（三）隐患排查治理

1．隐患排查

（1）设备隐患排查可以结合以下工作开展，具体包括日常巡检和维护、检修预试、安全性评价、春秋季安全检查，以及各类专项检查、安全督查、技术监督等。

（2）专项排查应制订排查方案，确定排查目标、参加人员、排查内容、排查时间、排查安排、排查记录要求等内容。

2．隐患评估

针对排查发现的隐患，隐患所在部门、班组应组织审查，依据隐患排查标准进行初步评估定级，利用相关隐患管理信息系统建立档案，形成本部门、班组隐患清单，并汇总上报至相关专业部门。

各专业部门应对本专业隐患进行专业审查，评估认定隐患等级，形成本专业安全隐患清单。一般隐患由本单位评估认定，较大隐患由上级单位评估认定，重大隐患由省一级单位评估认定。

3. 隐患档案

隐患采用"一患一档"管理。重大隐患相关文件资料应及时移交本单位档案管理部门归档。隐患档案应包括以下信息：隐患简题、隐患内容、隐患编号、隐患所在单位、专业分类、归属部门、评估定级、治理期限、资金落实、治理完成情况等。隐患排查治理过程中形成的会议纪要、治理方案、验收报告等应归入隐患档案。

4. 隐患治理

隐患一经确定，隐患所在单位应立即采取防止隐患发展的安全管控措施，并根据隐患具体情况和紧急程度，制订治理计划，明确治理单位、责任人和完成时限，做到责任、措施、资金、期限和应急预案"五落实"。

重大隐患应编制治理方案，其内容应包括治理目标和任务、采取方法和措施、经费和物资落实、负责治理的机构和人员、治理时限和要求，以及防止隐患进一步发展的安全措施和应急预案等。

设备隐患治理可结合技改、大修、专项活动、检修维护等进行。隐患治理完成后，应进行验收，验收合格予以销号，不合格重新组织治理。

5. 隐患变更

未按期治理消除的重大隐患，经重新评估仍确定为重大隐患的须重新制订治理方案，并落实整改。对经过治理、危险性确已降低、虽未能彻底消除但重新评估定级降为一般隐患的，经核定可划为一般事故隐患进行管理。

未能按期治理消除的一般事故隐患，应重新进行评估。

6. 隐患工作管理

各单位应建立隐患季度分析、年度总结工作制度，按月或按季定期向安监部门报送隐患排查治理工作情况，并按要求向上级主管部门报送半年度和年度工作总结。同时，各单位应按规定向国家能源局及其派出机构、地方政府有关部门报告安全隐患统计信息和工作总结。

三、反事故措施管理

（一）反事故措施的定义

反事故措施（简称反措）是在事故调查分析、设备评估、技术监督、安全性评价以及设备稳定分析等工作的基础上，针对生产过程中存在的安全隐患和问题，以预防人身、电网和设备事故为目的，研究制定的事故防范措施。

《防止电力生产事故的二十五项重点要求》和《水电厂重大反事故措施》都是针对电力生产在规划设计、安装调试、运行维护、更新改造过程中提出的防止发生电力生产事故的规范要求，涉及人身伤亡、火灾、电气误操作、设备损坏、全厂停电、垮坝、水淹厂房、环境污染等。各单位在规划、设计、建设、运行、维护、检修、技术改造等环节应严格落实这两项管理规定要求。

（二）反事故措施计划管理

1. 编制原则

反事故措施的编制和实施是电力生产管理的重要组成部分，必须从实际出发。编制反事故措施应坚持以下原则：

（1）防范电网单一设备事故与重大事故相结合的原则。

（2）技术措施和管理措施相结合的原则。

（3）安全生产全过程控制和反事故措施全过程实施相结合的原则。

（4）反事故措施动态完善和闭环管理相结合的原则。

2. 编制依据

反事故措施计划编制的依据包括《防止电力生产事故的二十五项重点要求》、《水电厂重大反事故措施》，以及上级颁发的反事故技术措施、需要治理的事故隐患、需要消除的重大缺陷、提高设备可靠性的技术改进措施，以及事故防范对策和各单位安全性评价结果、事故隐患排查结果及编制防自然灾害、防设备设施事故等应急预案所需的项目。

3. 编制内容

反事故措施计划编制的内容主要包括：

（1）典型事故、重要缺陷和多发缺陷的预防、改进措施。

（2）针对不同设备、不同运行环境的相应事故防范的措施。

（3）在暂不能对有关规程、规定进行修编的情况下，对部分已经不能满足当前安全运行要求内容的修改和补充。

（三）反事故措施计划执行

各单位应将年度反事故措施计划录入相应的生产管理系统进行闭环管理，明确每一具体反事故措施项目的责任人、整改完成时间和责任要求。

年度反事故措施计划原则上应在当年计划时间内完成，因客观原因无法按期完成的，应于计划完成日前提出变更申请，经本单位分管领导同意后报上级批准备案。

反事故措施计划具体项目执行完成后，应组织专业技术人员、安全监察人员和其他相关人员进行专项验收，验收合格后在相应的生产管理信息系统关闭反事故措施计划执行流程。

第二节　设备定期工作和检修管理

一、设备定期工作

（一）设备定期工作的定义

设备定期工作是指按照一定的方式定期对设备进行维护保养和检修，防止设备性能劣化或工作效率降低，从而保证其长期安全稳定运行，具体包括设备定期启动、定期轮换与试验、定期维护等。

（二）设备定期启动

电站所有设备不可能始终处于运转状态或运行状态。对长期处于备用或停止（冷备用）状态的设备按照一定规律定期进行启动，以检验其启动特性和运行性能是否仍然满足规范的要求，确保其在正常或紧急情况下能够顺利启动或切换成功。

例如，在厂用电系统正常运行的情况下，作为事故备用的柴油发电机组一直处于停止状态。如果长时间不对其进行启动试验，那么机组有可能因故障而无法启动，影响紧急情况下的安全使用。

蓄能电站需要定期启动的设备主要有柴油发电机组、发电机高压注油泵、厂用电备用电源自动投入装置、消防广播、事故照明电源等。

（三）设备定期轮换与试验

设备定期轮换与试验是指在设备运行中，为确保其稳定、高效、可靠地运行，采用一定的方法对主备用设备进行定期切换，以检验其运行状态和性能的制度。通过对主备用设备的定期轮换运行，确保主备用设备始终保持同等的性能健康水平，其优点如下：

（1）延长设备寿命：使设备的负荷均衡，避免长时间处于工作状态，减轻设备负担，延长设备寿命。

（2）保证运行安全：避免因设备长期运行而产生的安全隐患，减少设备损坏及维修的可能性，从而保证运行安全。

（3）提高设备可靠性：使设备在更优的状态下稳定工作，提高设备的可靠性，降低出现故障的可能性。

（4）节能环保：使设备的运行更加平稳可靠，从而减少能源的浪费，达到节能环保的目的。

蓄能电站需要定期轮换与试验的设备主要有直流充电屏、高压气机、主变压器冷却器、主备用配置的各类水泵和油泵、主备用冷却风机、冗余配置的各类控制设备主备用通道（如励磁调节器、水轮机调速器电气调节柜）等。

（四）设备定期维护

电站机电设备大多处于高强度的工作状态，随着使用年限的增长，机电设备发生故障的概率逐渐增大。定期对机电设备进行维护保养，不仅能保证设备长期处于健康的运行水平，还可以提前发现设备存在的缺陷或隐患，及时采取措施加以消除，避免设备在运行中发生故障问题对水电站运行效率造成影响，甚至影响到电站的经济效益。

设备定期维护通常包括日常巡检、维护保养、定期试验、机组D级检修（大定检）等。不同设备的定期维护周期也是不一样的，应根据设备的相关制度、规范和导则要求合理确定维护周期。

1. 日常巡检

每日或每周对设备进行日常巡回检查，记录在运设备的状态、参数和故障情况。

2. 维护保养

主要包括清洁、润滑和保护、更换易损部件、消除一般缺陷等内容。

3. 定期试验

定期对设备进行启动试验，记录设备运行时的状态和参数，并与标准参数进行对比分析，及时对发生偏差的参数进行调整、修正，确保设备运行参数符合规范的要求。

4. 机组D级检修

对机组进行全面深入检查，重点检查各转动部件和承压受力部件的螺栓、导流发热部件，及时发现存在的问题，并采取措施进行适当处理，防止机组运行时发生异常情况。结合机组D级检修，同时对日常巡检过程中发现的一些缺陷进行处理。

二、设备检修管理

蓄能电站一般是日调节型，即每天电网负荷低谷时抽水，电网负荷高峰时发电，设备设施必然经历着周期性的应力变化，存在疲劳、磨损、寿命等问题，因此对其进行保养检修是保证其安全可靠运转的必要手段，对提高设备健康水平、保证设备安全可靠运行具有重要意义。

（一）检修基本原则

对设备进行检修管理，目的是提高设备检修质量和设备运行可靠性，保障设备安全、可靠和经济运行。

设备检修的基本原则：

（1）贯彻"安全第一、预防为主、综合治理"的方针，遵循"应修必修、修必修好"。

（2）推行以状态检修为主、计划检修和故障检修为辅的检修模式。

状态检修是通过设备的状态评价、风险分析、检修决策等手段开展设备检修工作，达到设备运行安全可靠、检修成本合理的一种设备检修策略。我国抽水蓄能水电机组目前普遍采用的还是计划检修为主，制订周期性的检修周期和检修内容。

（二）设备设施检修范围

设备设施检修的范围包括生产建（构）筑物和非生产设施、主要设备和辅助设备。生产建（构）筑物是指大坝、厂房、生产建筑物、生产构筑物、输水隧道等；非生产设施是指主要直接服务于生产的办公设施、生活设施、道路、护坡等；主要设备是指水泵水轮机、发电电动机、主变压器、高压开关、变频启动装置、厂用电等及其附属设备；辅助设备是指主要设备以外的生产设备，如消防、照明、起重、通风空调等。

（三）检修级别与检修周期

设备检修级别和检修周期主要根据 DL/T 838—2024《燃煤火力发电企业设备检修导则》、DL/T 1066—2023《水电站设备检修管理导则》、GB/T 18482—2010《可逆式抽水蓄能机组启动试运行规程》等有关规定，并结合本单位设备实际运行情况来确定，一般规定为机组大修（A 修、B 修）和小修（C 修）、公用设备及输变电设备的大修（A 修）和小修（C 修）。

A 级检修指对机组或主设备进行全面的解体检查和修理，彻底消除存在的重大缺陷和隐患，以维持、恢复或提高设备性能。

B 级检修是针对机组或主设备存在的某些问题，对机组设备进行解体检查和修理。可根据设备状态评估结果，有针对性地解决 C 级检修无法安排的重大缺陷。

C 级检修是根据设备的磨损、老化规律，有针对性地对设备进行检查、修理、清扫、消缺、调整和预防性试验等。实施部分 B 级检修项目或定期滚动检修项目，可进行少量的零部件更换。

检修工期是指机组从调度批准检修开工到检修试验完毕正式交付电网调度的总时间。检修周期和工期依据检修导则确定，也可根据各单位具体情况进行优化调整，但一般不得低于检修导则标准，如天荒坪电站机组 A 级检修周期 6 年，工期一般时间为 70 天；B 级检修工期以 C 级检修工期为基准，一般为 27 天；C 级检修一般 21 天。

其他主设备和辅助系统的检修周期可参考机组检修周期或依据国家和行业的有关规定确定，但辅助系统检修时间一般与机组检修工期错开安排，以利电站人力和物力的优化配置。

（四）检修项目

抽水蓄能电站运行方式与常规水电站差别明显，主要不同在于蓄能机组要双向旋转，启停频繁，所以检修内容和项目较常规水电站复杂且多。

检修项目分标准项目和非标项目两类，标准项目的主要内容包括：

（1）制造厂要求的项目。

（2）全面解体、定期检查、清扫、测量、调整和修理。

（3）定期监测、试验、校验和鉴定。

（4）按规定需要定期更换零部件的项目。

（5）按各项技术监督规定检查的项目。

（6）消除设备和系统的缺陷和隐患。

非标项目为标准项目以外的包括执行反事故措施、节能措施、环保措施等要求的检修项目。

（五）检修计划管理

1. 检修计划

检修计划应根据设施、设备的技术指标和健康状况、检修工期、资金情况，分轻重缓急，合理确定检修工程项目，编制检修工程项目年度检修计划和五年滚动规划，并根据工程项目年度检修计划详细编制年度检修工期计划，上报上级和调度部门批准，具体包括检修级别、距上次检修的时间、检修工期、开工时间等。

2. 检修工程费用管理

机组的 A、B、C 级设备检修的标准项目参照 GB/T 32574《抽水蓄能电站检修导则》和《抽水蓄能电站设备检修定额（试行）》确定，D 级检修（按大定检考虑）的主要内容是消除设备和系统的缺陷。检修费用纳入预算管理，检修过程要从严控制使用。

（六）检修过程管理

1. 修前策划

为了做好检修工作，做好检修策划非常重要，"凡事预则立，不预则废"。主要设备 A、B 级检修在开工前 6 个月，就要启动检修的准备工作，成立检修组织机构，部署检修策划工作。检修各专业负责人要根据检修内容和计划进度，编制检修作业策划文件包。

检修承包单位在开工前 2 个月应启动检修准备工作，组建施工队伍，并根据项目单位（甲方）提供的相关检修作业策划文件的要求，编制相关作业文件，并办理开工手续。

2. 修中过程控制

检修过程是整个检修中风险最大、管控难度最大的阶段。检修过程安全质量控制，是检验检修策划是否到位、检修组织是否到位、检修三措是否落实、检修队伍安全技术水平是否合格等环节中最关键的。

具体检修过程环节控制如下：

（1）质量控制。项目单位检修协调人员和检修承包单位施工人员应加强沟通与配合，在设备解体检查、修理和回装三个阶段做好检修工序控制和质量验收。

解体检查阶段：检查与相关设备和系统连接部分的分解、隔离是否适当；全面测量检查与记录，并验证上次检修效果及校正本次检修计划的准确性；检查所拆卸设备的原始测试数据、设备各部分之间的相对位置记号是否正确、详细；对故障部位进行测绘、拍照、检验，对设备缺陷应进行重点检查，分析原因；评价设备的检查情况，及时调整检修项目、进度等计划。

修理阶段：按照工艺要求、质量标准、技术措施进行修理；对 W、H 点进行检查和验收；确认符合工艺要求和质量标准、缺陷消除；形成记录后进行下一步工序。

回装阶段：经阶段验收合格后进行复装，设备应在封闭前进行检查；回装应做到不损坏设备，不错装漏装零部件，不将杂物遗留在设备内；回装过程应有详尽记录，必要时对关键部位、关键工序、工艺进行拍照或摄像；做好防锈、防腐措施并恢复标识；复装后及时恢复设备原有罩壳，临时拆除的栏杆、平台等。

检修施工执行三级验收制度。验收人员应及时在"质量控制点签证单（W、H 点）"、"质量验收单"上评价结论和签字，W 点和 H 点未验收或验收不合格不得进行下道工序。新采购的设备备品备件、材料、工器具等应进行现场验收，未经检验或检验不合格的不得使用。

（2）安全控制。检修作业过程中各级人员应严格执行安全工作规程，做好现场安全管理。工作负责人应严格执行工作票制度，做好隔离措施的检查和风险管控分析，对作业人员做好安全交代。

（3）进度控制。项目单位现场协调人员应时刻关注检修工期各关键节点的进度控制。若发现检修实际进度与计划主线进度存在偏差，应及时与检修承包单位协商，通过合理调配人力、资源等方式，确保主线进度按计划实现。

（4）现场文明管理。检修现场按照定置图存放零部件、材料和工器具等。检修区域应与运行设备隔离，并设置明显隔离标志，工作人员凭证件出入检修区域。检修过程做到废弃物、垃圾及时清理，设备表面保护完好，施工地面、墙面清洁，安全文明施工。

3. 竣工验收和修后调试

检修最后阶段，项目单位应组织相关人员进行分部分项三级验收。验收合格后，以书面的形式把本次检修的主要项目、发现问题和解决方法、异动措施落实等情况向运行人员做好交底和说明。

设备经检修后应按规程要求进行相关调试工作，确保设备性能指标达到规范要求。设备经调试正常后才能正式申请设备复役。

4. 修后总结

设备检修竣工后，检修承包单位和项目单位均需进行修后总结，并完成检修资料归档工作。

检修承包单位对合同范围内的所有检修工作，从技术和管理等方面对检修策划和实施过程进行归纳、总结和建议，编制检修总结报告，并在规定的时间内提交给项目单位。

项目单位相关人员，特别是参与检修协调、施工管理的人员也要从质量、技术、安全和管理等方面对检修策划和实施过程进行归纳、总结和评价，并编制相应的总结报告。

第三节 设备定值、设备异动、临时措施管理

一、设备定值

（一）设备定值的定义

所谓设备定值（整定值）是指经过整定计算和试验，所得出保护装置（或继电器）完成

预定保护功能所需的动作参数（动作值、动作时间等）的规定值。

整定值也叫设定值，就是在自动控制系统里，当某一物理量达到某一数值时，将发生某一动作。比如，为了保护某一电动机，在控制系统中有过电流继电器，把过电流继电器调整为 100A 动作，当电流达到 100A 时过电流继电器动作，切断电源或发出信号。这个 100A 即为过电流继电器的整定值。另一种情况，如某一电动机，速度是自动控制的，把速度控制装置设置为 1000r/min，那么这个 1000r/min 就是电动机速度的整定值。

一些重要设备的定值（如继电保护），是保证蓄能机组和电气一次设备安全运行、减轻故障设备损坏程度的重要装置，其定值的正确整定是防止误动或拒动的重要保证。

（二）设备定值的范围

抽水蓄能电站范围内的主机设备、电气一次及辅助设备所配置的各类继电保护与安全自动装置、自动化元件（温度、振动、液位、压力、流量等），以及监控系统、机组电气调节器、励磁系统和其他辅助控制设备的调节参数或整定值。定值可以是机械型，也可以是数字型。随着计算机在控制系统中的普遍应用，大量的整定值或参数通过软件来进行设定。

（三）设备定值的管理要求

（1）设备整定值的计算或确定，应符合国家、行业或相关技术规程及标准的规定要求。

（2）设备定值单应由设备安装的施工单位或主管设备的专职人员编制，定值单上应有编制人、校核人、审核人、批准人、投入人、校对人和运行人员的签名方能有效。

（3）设备定值的调整或修改，必须履行相关的审批手续后才能执行。涉及电网系统的保护、水轮机调节系统（有功）调差率和励磁系统（无功）电压调差率，则由所辖地区电网调度机构下发定值单或审批，其他设备定值单由本单位内部审批。

（4）运行设备发生异常需变更装置的整定值时，必须得到本单位分管领导（总工程师）或地区电网调度机构的认可，办理定值修改手续，不容许随意更改定值。紧急情况下，也必须先得到本单位分管领导的同意，但事后应及时补办定值修改手续。

（5）因主设备投运需要而临时变更定值，需办理定值临时修改申请手续，主设备投运后应及时恢复原定值。

（6）设备定值变更后，应进行必要的校验或试验，并由现场运行人员核对无误后方可投入运行。当有疑问或出现无法按整定单进行整定时，应及时向有关部门汇报。

（7）设备定值应定期检查或校验。涉网设备参数、定值应定期由有资质的试验单位进行实测，并由电网调度机构指定的认证部门进行认证，设备试验报告和技术资料应及时报送电网调度机构。

（8）设备定值单及有关定值变更通知单、申请单等应设专人管理，并登记在册，定期进行监督检查。

（9）设备定值单应统一编号，并填写详细、准确。

二、设备异动

（一）设备异动的概念

由于设计、制造、安装或经长期运行后老化，一些设备往往会产生与规范规定要求存在偏差的问题，或运行指标超标，或存在缺陷，或运行不稳定，故障率高，对整个系统设备的安全稳定运行造成影响。

为消除上述这种因先天不足而遗留的问题，采取必要的措施或技术改造对相关设备结构和功能进行完善与优化，使其运行技术参数达到或尽量接近规范的要求，这种对设备或系统操作功能的改变、物理结构的改变、拆除、位置的变动、设备或部件的增装统称为设备异动。严格意义来讲，设备异动是指对设备或系统的结构、型式、性能、参数、连接方式等进行更改的工作。

（二）异动设备的范围

异动设备主要针对抽水蓄能电站内所有的机电设备，一般包括主设备及附属设备、辅助设备（含重要辅助设备、一般辅助设备）。

根据设备异动的定义，以下工作均属于异动的范围：

（1）主设备及附属设备、辅助设备的变更。

（2）主设备及附属设备、辅助设备的型号、重要结构的变更或个别部位改进而影响设备特性者。

（3）主设备的主保护动作原则的变更。

（4）主设备及附属设备、重要辅助设备电气二次原理接线的变更。

（5）主设备及附属设备、重要辅助设备控制原理或逻辑组态的修改和变动。

（6）辅助设备新装、拆除、改装，对设备结构、布局有重大改变者。

（7）凡涉及运行设备控制、显示部位的重要计量仪表、器具等的改型。

（8）五防系统闭锁程序的修改。

（三）设备异动的管理要求

异动的结果对现场设备进行了某种改变，对今后设备的运行维护管理带来了一定程度的变化，因此电站的生产技术管理部门对异动的程序、执行必须严格管理。

（1）当设备或系统需发生异动时，一般情况下由设备或系统所属的责任班组提出，并事先完成异动的设计方案、图纸和措施，经技术管理部门、分管领导审批后执行。如设备异动申请内容涉及其他专业，应履行会审（核）签字程序。

（2）凡列入设备大修、小修或技术反措、改造计划的异动项目，也应同时办理异动申请单。若已有明确规定和设计、施工要求（已经过校核、审查签名的方案图纸），则允许先异动，但一周内必须补办相应的异动申请。

（3）属事故抢修中需要的设备异动，可先征得公司领导口头或电话同意后执行，但一周内必须补办设备异动审批手续。

（4）经审批后的设备异动申请单，任何人不得擅自改动。如发现疑问或确有不切实际与不尽合理之处，应先向申请人询问清楚，必要时可向审查人、批准人汇报，在征得同意后再重新办理设备异动申请手续或作其他善后处理。

（5）经审批后的异动申请单在未执行完毕时实行动态管理，责任班组应建立动态文件管理夹，记录异动单的已执行部分和未执行部分，并向分部各成员汇报。异动执行人必须妥善保管好未执行完的异动单，并做好相应的台账记录。

（6）设备异动后，设备专职或异动执行人应对异动设备进行跟踪分析，重要的异动或技术改造在投入运行六个月后应提交相应的效果分析报告。

（7）设备异动完成后，异动执行人根据异动情况应及时到档案室修改底图，并经技术部门审核签署意见后交档案室。设备异动后的正式图纸应发送至运行、维护、生产技术部等相关部门及班组，并替换原有图纸，以确保部门、班组配备的图纸与现场设备完全一致。

（8）设备正式实施异动前或异动后，异动执行人或设备主人应组织开展必要的技术培训工作，确保运行维护人员掌握了解异动前后设备运行、操作、性能、参数变化特点和注意事项。

三、设备临时措施

（一）设备临时措施的定义

设备临时措施是指为保证设备安全稳定运行而采取的一些临时性的变动、改进或更新。设备的临时措施必须以不影响设备安全运行为前提。为处理缺陷或试验而采取的临时措施，在经一定时间稳定运行或缺陷消除后，执行临时措施的设备应恢复到设备临时措施前的状态。

（二）设备临时措施的范围

设备临时措施所包含的设备及工作范围与设备异动所规定的内容基本相同，涉及设备临时措施的工作主要有以下几种情况：

（1）临时安装或取下设备元件、电气控制回路临时改线（含接线、解线、短接、跨接及机组的机械跳闸矩阵改动等）。

（2）接线端子连片的临时变动。

（3）控制逻辑或组态临时修改。

（4）故障报警信号临时屏蔽。

（5）临时加装监测仪器仪表或对运行设备进行试验所做的各种临时安全措施。

（6）在运行设备上试用新装置或新元件而临时变动设备结构或形式。

（7）其他为保证设备安全经济运行而采取的临时措施。

（三）设备临时措施的管理要求

（1）对设备执行临时措施，应编制临时措施单，其内容应包括临时措施描述、临时措施计划时间、临时措施实施原因和实施方案，实施方案中应明确实施前后的内容对比、图纸文档、运行交代、应急措施和临时措施恢复条件等。

（2）事故抢修中需要对设备采取的临时措施，应先征得本单位设备管理部门负责人、专工及分管领导口头或电话同意后执行，但必须在工作结束后的3个工作日内补办设备临时措施审批手续。

（3）设备临时措施原则上一份临时措施单对应一项临时措施。

（4）临时措施执行人依据批准后的临时措施单办理工作手续，对相关设备执行临时措施。涉及控制逻辑或组态临时修改的，应在修改前后分别做好逻辑程序的备份和记录。

（5）临时措施执行完毕后，执行人应在设备醒目位置做好清晰、准确的标识，并组织相关人员进行现场验收和确认。

（6）执行了临时措施的设备，其设备主人、技术专工、运行人员等相关人员应加强设备的日常检查，确保设备安全运行。

（7）临时措施执行后原则上应在六个月内恢复，若需延长，应提出申请，并经分管领导批准；与设备缺陷有关的临时措施，应在缺陷消除后一周内恢复。

（8）当临时措施具备恢复条件时，应及时取消执行的临时措施，并清理临时措施执行时所做的相关标识。

第四节　设备台账、设备备品备件、设备主人管理

一、设备台账管理

（一）设备台账分类

设备台账是蓄能电站设备管理的基础，设备管理部门应按专业设备的分类分别建立台账（机组以一台机组为单元，不同机组应建立不同的台账），并明确专人进行管理，如发电电动机、主变压器、继电保护、水泵水轮机、电梯等。

（二）设备台账应录入的主要内容

生产技术管理部门应对设备台账的建立提出明确的要求，并规定统一的格式进行录入，一般设备台账录入的主要内容如下：

（1）设备概况。设备名称、安装位置、型号规格、出厂编号、制造厂名称、出厂日期、投产日期、大修周期、小修周期、备注。

（2）技术参数。设备铭牌参数、其他主要部件技术参数。

（3）检修维护记录。大修、小修相关内容：开始时间、结束时间、检修名称、参加人员、主要项目、检修处理情况、遗留问题、记录人、记录时间。

（4）缺陷（含设备原因造成的事故、故障、异常）。设备运行中一、二、三类缺陷，缺陷

名称、处理时间、处理情况。

（5）设备异动。异动内容、异动时间、执行人、记录人、记录时间。

（6）专题技术分析报告、检修总结报告。

（三）设备台账的日常管理

（1）通常情况下，设备台账由设备所属的责任班组负责建立，并实行计算机动态管理。

（2）因检修、消缺、异动或技术改造引起设备变动后，设备主人应及时整理资料并录入计算机管理系统。一般要求大修后 15 个工作日内、小修后 10 个工作日内把检修的简要情况，以及设备异动和缺陷处理后 3 个工作日内把异动消缺情况进行录入。

（3）设备电子台账必须有备份，信息管理部门应做好设备台账的硬盘备份管理以避免因硬盘故障导致原始数据丢失。

（4）每年一月之前，技术部门应组织设备管理部门和信息管理部门把前一年度设备电子台账内容刻入光盘存档保管。

（5）设备管理部门和技术专工应经常检查各班组的设备台账管理情况，发现问题及时进行整改完善以确保台账基础数据的准确性、完整性。

二、设备备品备件管理

（一）设备备品备件的定义

设备备品备件是蓄能电站机电设备正常运行、日常维护和缺陷处理的重要保证，一般包括事故备品备件、轮换性和消耗性备品备件。现场固定安装的备用设备，不属于备品备件管理范畴。

备品备件应保持适当储备量，数量不足后应及时进行补充。事故备品备件使用后，缺额应依据储备定额立即补充。

（二）设备备品备件储备原则

不是所有的设备都需要储备备品备件，储备备品备件主要考虑以下几个方面：

（1）备品备件的数量和品种应能满足及时消除设备缺陷，快速抢修事故，缩短设备停电或停运时间的需要。

（2）备品备件的存储尽量做到既保证安全生产的需要，又防止资金的积压、浪费。

（3）备品备件工作要贯彻勤俭办事的方针，充分发挥和利用修复能力，大力开展修旧利废，节约物资资金。

（4）零部件损坏后，不易修复、购买、制造或材料特殊而恢复生产急需者需要考虑储备备品备件。

（5）备品备件储备定额中应包含物料编码、物料描述、规格型号、定额数量、参考价格等信息。

（三）备品备件的管理

（1）储备的备品备件应按其规定的存放条件进行储存，并做好日常维护检查、定期检验等工作。

（2）新采购到货的备品备件，应根据相关规程规范的要求进行验收。

（3）领用备品备件应履行相关审批手续，并不得在大修技改项目中挪用事故备品备件。

（4）消耗性、轮换性备品备件消耗至最小储备数量时应及时补充。

（5）存储的备品备件因年限已达到设备使用寿命，或技术参数不能满足规范要求，或原设备已经技术改造升级等，由专业部门出具技术鉴定意见进行报废处理。

三、设备主人管理

设备主人是指电站某个机电设备或系统的责任人，一般分为 A、B 角。设备主人负责所辖设备日常管理工作，包括编制所辖设备健康状态分析报告，提报设备项目计划，完善设备健康台账，负责设备检修、技改、维护、消缺、隐患排查及治理、反措执行、技术监督等工作。

（一）一般要求

（1）设备主人 A 角是所辖设备的第一责任人，设备主人 B 角是所辖设备的第二责任人，A、B 角都应遵守设备主人工作要求。

（2）设备主人 A、B 角由各单位负责指定，设备主人 A 角应经考核认定；当设备主人离岗时，应及时调整并发布。

（3）4 台机组的电站每个系统可安排 1 名设备主人 A 角，6 台机组的电站每个系统可安排 2 名设备主人 A 角并明确具体的分工。机组（主变压器）保护、线路保护分别至少设置设备主人 A 角 1 名、B 角 1 名。

（4）电站主设备系统的设备主人 A 角应由中级运维专责及以上人员担任。

（5）原则上设备主人 A、B 角履职至少一年，设备管理部门可根据设备主人履职情况对设备主人进行调整，逐步培养复合型的运维人员。

（6）设备主人 B 角经各单位运维检修部考核合格后可调整为 A 角。B 角转为 A 角的条件：应至少担任相应设备系统 B 角一年、至少负责一次相应设备系统的检修或改造、具备相应设备系统独立工作的能力。

（二）设备主人日常工作管理

（1）负责及时更新所辖设备台账，包括设备图纸、说明书、定值单、缺陷、隐患排查治理记录、技改、检修资料、设备异动、临时措施、技术监督报告、设备巡视记录、设备健康状态分析报告等。同时纸质版资料应按照对应的管理手册时间节点归档至档案室。

（2）负责所辖设备缺陷、隐患排查治理。

（3）负责所辖设备检修规程编写修订、标准作业文件编制。

（4）负责所辖设备技术监督工作计划制订和执行，技术监督报表、总结的编制上报，完善所辖设备技术监督台账，配合技术监督单位完成所辖设备技术监督管理。

（5）负责所辖设备反事故措施计划制订和执行。

（6）负责所辖设备的检修技改及委托运维工作，包括项目立项、现场实施、竣工验收、修后总结等。

（7）负责所辖设备备品备件管理工作，定期检查备品备件是否完好、齐备，对短缺的备品备件及时提报采购计划。

（8）负责所辖设备定期工作计划制订和执行。

（9）负责对所辖设备进行健康状态分析及评价，形成设备健康状态分析报告。报告内容应包括设备运行状况、设备检修、技改、维护、消缺执行情况、设备异动、临时措施执行情况、技术监督、反事故措施执行情况、外包项目管理情况等。

（10）当设备主人Ａ角轮入值守、出差、请假等情况不在岗时，Ｂ角负责接替Ａ角工作；当Ａ角回到运维岗位时，由Ａ角履行设备主人职责，Ｂ角将该段时间内的工作对Ａ角进行交接；当Ａ角不在岗时间超过一周或必要时，应履行纸质交接手续，双方的交接记录应完整，由班长进行审核、签字确认。

（三）设备主人年度工作管理

设备主人应根据所辖设备管理要求，结合所辖设备运行现状及健康水平，提报设备年度项目计划，具体包括编制管辖设备定值清单、年度专业总结、技术监督工作计划、反事故措施工作计划、年度工作计划等。

思　考　题

1. 设备缺陷主要分为哪几类？处理要求分别如何规定？

2. 设备隐患和设备缺陷有什么区别？隐患类型有哪些？

3. 反事故措施的制定要求主要有哪些？

4. 设备定期工作主要包括哪些，分别如何定义？

5. 设备检修的策划管理主要包括哪几大方面？

6. 设备检修中，修中过程控制主要包括哪几个方面？

7. 设备定值的日常管理要求有哪些？

8. 简述设备异动的原则。

9. 设备临时措施与设备异动有什么异同点？

10. 设备全过程管理主要包括哪几个阶段？

11. 设备台账的维护有哪些要求？

12. 备品备件的管理要求有哪些？

13. 设备主人日常工作包括哪些？

第三章 安全生产管理

本章概述

本章包括安全生产基本概念、安全生产管理制度以及安全生产应急管理等三部分内容。

安全生产管理是蓄能电站生产经营管理的重要组成部分，其目标是在生产经营过程中保护员工的生命与健康和财产安全，实现企业经济效益，创造良好的工作秩序及生产环境。搞好安全生产管理，坚持以人为本、安全发展。各级领导和管理者都应认真运用所学的安全管理思想和方法，利用安全系统工程的基本原理和安全生产标准化等科学的方法，实行全员、全过程、全方位、全天候的管理，使"安全第一，预防为主，综合治理"的安全生产方针真正落实到每个生产岗位和个人，达到保护职工在生产过程中的安全与健康，提高企业的经济效益和社会效益的目的。

学习目标

学习目标	
知识目标	1. 能理解安全生产的基本概念。 2. 能了解安全生产制度种类。 3. 能理解应急预案的种类及区别。
技能目标	—

第一节 安全生产基本概念

一、安全生产的定义

现代安全生产是指在生产和经营过程中保障人身安全和设备安全。

（1）人身安全，主要是指消除危害人身安全健康的一切不良因素，保障员工的安全和健康，让员工舒适地工作。

（2）设备安全，是指消除损坏设备、产品和其他财产的一切危险因素，保证生产正常进行。

安全生产是指生产经营单位在组织生产经营活动过程中，为避免发生人员伤害和财产损坏、环境遭到破坏等相应的事故的预防和控制措施，以保证生产经营活动顺利进行。

二、安全生产管理的含义

所谓安全生产管理，就是针对人们在生产过程中的安全问题，运用有效的资源，发挥人们的智慧，通过人们的努力，进行有关决策、计划、组织和控制等活动，实现生产过程中人与设备、物料、环境的和谐运作，使生产经营活动中危及劳动者生命安全和健康的各种事故风险和伤害因素，始终处于有效的控制状态，达到安全生产的目的。

安全生产管理的目标，是减少和控制危害，减少和控制事故，尽量避免生产过程中事故所造成的人身伤害、财产损失、环境污染以及其他损失。

安全生产管理的基本点是"管什么"和"怎么管"，前者是管理的对象范畴及内容，后者是管理体系的制度与方法。

安全生产管理的基本对象是电站的员工，以及涉及电站的所有人员、设备设施、物料、环境、财务、信息等各方面。安全生产管理的内容包括生产管理机构及管理人员、安全生产责任制、安全生产管理规章制度、安全生产教育培训、安全检查、隐患排查治理、特种设备管理、消防管理、应急管理、安全文化建设等。

三、安全生产管理的组织形式

（一）企业主要负责人

企业法人代表是依法代表法人行使民事权利，履行民事义务的企业主要负责人。安全生产法规所指的企业主要负责人包括有限责任公司和股份有限公司的董事长、总经理或者个体经营的投资人，其他生产经营单位的厂长、经理或者实际控制人等。

蓄能电站主要负责人（一般指董事长或总经理）在本单位中处于中心地位，对本单位的人员、物质、资金等各方面均有最高指挥权和调度权。因此，各单位主要负责人对单位安全生产工作负有全面责任。

（二）分级管理

分级管理就是把项目单位从上至下分为若干个安全管理层次，明确各自在安全生产方面的责任，有效地实现全面安全生产管理。

项目单位的管理层次可分为三层：厂级（公司）、车间（部门、分厂、分公司）、班组（工段），也可归纳为决策层、管理层、执行层、操作层。

决策层主要起决策、指挥作用，贯彻落实国家有关安全生产法律、法规及方针政策；根据法律、法规制定本企业的安全生产规章制度；落实制订安全生产规划、计划；建立健全安全生产管理机构、配备安全生产管理人员；保证安全资金和物资投入，为职工提供安全卫生的工作场所。

管理层主要对安全生产进行日常管理，贯彻落实企业安全生产规章制度，并负责检查落实，以各部门主要负责人为核心的各职能部门领导层，以及安全生产管理机构的管理人员组成。

执行层主要以生产管理人员和班组长为主要构成，主要职责是通过生产的推进，督促施工人员和操作人员遵守安全生产规章制度和操作规程，防止冒险违章作业。

操作层是安全生产的基础环节，以生产作业人员为主体，应严格执行安全生产规章制度，遵守操作规程，杜绝违章，防止事故发生。

（三）各部门安全生产管理

各单位按业务需要分为若干个职能部门，各业务部门在负责本部门业务的同时，应对本部门的安全生产工作负责。蓄能电站主要职能部门有运行、检修（设备）、计划物资、人资、党群、财务以及办公室等部门。

四、安全生产工作机制

安全生产工作涉及方方面面，需要建立有效的机制，明确各方面的权利义务和责任，形成齐抓共管的工作格局。《中华人民共和国安全生产法》规定了"建立生产经营单位负责、职工参与、政府监管、行业自律和社会监督的机制"。这是对安全生产工作经验的总结，反映了安全生产工作的特点和规律。

（一）生产经营单位负责

做好安全工作，落实单位主体责任是根本。建立安全生产工作机制，首先强调生产单位负责，这是安全生产工作机制的根本和核心。

（二）职工参与

一方面，职工是生产经营活动的直接参与者，安全生产首先涉及职工的人身安全。保障职工对安全生产工作的参与权、知情权、监督权和建议权，是我国基层民主的重要组成部分和建立现代企业制度的要求，是保障职工切身利益的需要，也有利于充分调动职工的积极性，发挥其主人翁作用。另一方面，做好安全生产工作需要职工积极配合，承担遵章守纪、按章操作等义务。没有职工的参与与配合，不可能真正做好安全生产工作。

（三）政府监管

在强化和落实生产经营单位主体责任、保障职工参与的同时，还必须充分发挥政府在安全生产方面的监管作用，以国家强制力为后盾，保证安全生产法律、法规及相关标准得到切实遵守，及时查处、纠正安全生产违法行为，消除事故隐患。这是保障安全生产不可或缺的重要方面。

（四）行业自律

市场经济条件下，必须充分发挥行业协会等社会组织的作用，加快形成政社分开、权责明确、依法自治的现代社会组织体制，强化行业自律，使其真正成为提供服务、反映诉求、规范行为的重要社会自治力量。

（五）社会监督

安全生产工作涉及方方面面，必须充分发挥包括工会、基层群众自治组织、新闻媒体，以及社会公众的监督作用，实行群防群治，将安全生产工作置于全社会的监督之下。

上述五个方面互相配合、互相促进，共同构成五位一体的安全生产工作机制。

第二节　安全生产管理制度

各单位应根据国家的法律、法规和地方性行政规章，以及上级主管单位的规定，结合实际，建立健全各类安全管理制度。安全管理制度是安全生产法律、法规的延伸，是地方性行政规章规定在企业中的反映，也是企业能够贯彻执行的具体表现，是保证安全生产、保障职工人身安全与健康以及财产安全的最基础的规定。

安全生产管理制度是长期实践经验和无数事故教训的总结，如果违反规章制度，可能导致事故的发生。实践表明，伤亡事故中 70% 以上是违章指挥、违章操作、违反劳动纪律造成的。

各单位应建立以下几类安全生产管理制度：

（1）综合管理方面，包括职业安全健康管理体系、安全生产责任制、安全技术措施管理、安全教育培训、安全检查、安全奖惩、"三同时"审批、安全检修管理、安全隐患排查治理管理、安全检查、业务外包安全管理、生产值班管理等。

（2）安全技术方面，包括特种设备和特种作业管理、风险辨识与管理、厂区交通安全管理、消防安全管理，以及各生产岗位、各工种的安全操作规程、检修规程、运行规程等。

（3）职业卫生方面，包括职业卫生管理、有毒有害物质监测、职业病诊断与鉴定等。

（4）其他方面，包括女工保护制度、劳动防护用品、职工身体检查等。

各单位制定的各类安全生产管理制度，要与国家的安全生产法律、法规、规章保持协调一致，应有利于国家安全生产法规的贯彻落实，要广泛吸收国内外安全生产管理的经验，密切结合自身的实际情况，力求使之具有先进性、科学性、可行性。安全生产管理制度一经制定，就不随意改动，以保持相对的稳定性。

一、安全生产责任制

安全生产责任制是安全生产的灵魂，具有牵一发而动全身的效应。企业是安全生产的责任主体，企业法定代表人、"一把手"是安全生产的第一责任人。

安全生产责任制的核心是"谁主管，谁负责"，应当明确本单位各级部门和各类人员在生产经营中应负的安全责任，明确各岗位的责任员、责任范围和考核标准等内容，实行分级管理，分级负责，并层层签订安全生产责任书，形成包括全体从业人员和生产经营活动的安全生产责任体系。

各单位的其他负责人遵循"一岗双责"的原则，对各自职责范围内的安全生产工作负责，落实安全责任。

各部门及其主要负责人，做好本部门的安全生产工作，对本部门的安全生产工作负责。

安全监察机构负责人及其管理人员按照本机构的职责，组织有关工作人员做好安全生产责任制的落实，对本机构职责范围内的安全生产工作负责；本机构内工作人员在本人范围内做好有关安全生产工作。

班组长全面负责本班组的安全生产，是本班组安全生产的第一责任人，是安全生产法律、法规和规章制度的直接执行者。

岗位员工对本岗位的安全生产负直接责任，是本岗位安全生产的第一责任人，要接受安全生产教育和培训，遵守有关安全生产规章制度和安全操作规程，不违章作业，遵守劳动纪律。

二、安全检查制度

安全检查是安全生产管理的重要内容，它是安全生产工作中运用群众路线的方法，发现不安全状态和不安全行为的有效途径，是消除事故隐患、落实整改措施、防止伤亡事故发生、改善劳动条件的重要手段。

1. 安全检查内容

（1）查思想：主要是对照党和国家有关安全生产的方针、政策及有关文件，检查企业领导和职工对安全工作的认识。

（2）查管理：主要检查是否建立了安全生产管理体系并运行正常，安全生产机构是否健全，安全管理制度是否健全，领导是否把安全生产工作摆上重要议事日程，主要负责人是否负责安全生产工作，改善劳动条件的安全技术措施是否按年编制计划并执行，安全生产费用是否按规定提前和使用等。

（3）查隐患。通过现场检查，排查事故隐患。检查生产现场劳动条件、生产设备设施以及相应的安全卫生设施是否符合安全要求，个人防护用品的使用及标准是否符合有关规定。

（4）查整改。对过去检查提出的问题有没有落实整改，是否采取了有效的预防措施等。

（5）查事故处理。检查企业对伤亡事故是否及时报告、认真调查、严肃处理，是否按"四不放过"的要求处理事故等。

2. 安全检查方法

（1）定期检查。列入计划，每隔一定时间进行检查，如春季、秋季、迎峰度冬、迎峰度夏，以及春节、国庆等节前安全检查等。

（2）专项检查。针对特定区域、特定设备开展专项检查，如消防检查、防汛检查、特种设备检查等。

3. 安全检查表

为使安全检查工作做到目标明确、要求具体、查之有据，对检查结果做出简明确切的记载，对发现的问题提出解决方案并落实执行，利用安全检查表是最有效的方式。

三、安全生产教育培训制度

《中华人民共和国安全生产法》对生产经营单位开展安全生产教育和培训工作做出了严格规定，一是明确规定由企业主要负责人组织制订并实施本单位的安全生产教育和培训计划；二是明确规定安全生产教育和培训的主要内容及目标；三是明确规定参加安全生产教育和培训的从业人员范围，既包括本单位新入职员工，也包括被派遣劳动者、职业学校或高等学校实习生等；四是明确建立健全安全教育和培训档案。

安全生产教育和培训不仅能提高各级领导和广大职工对安全生产重要性的认识，增强搞好安全生产工作的责任感，提高贯彻执行安全法规及各项安全规章制度的自觉性，而且能使广大职工学习安全生产的科学知识，提高安全操作水平，增强自我防护能力，确保自身和他人的安全。

各单位必须对新员工进行安全生产的厂级（公司）、车间（部门）和岗位（班组）三级安全教育，并且经过考试合格后，才能准许进入工作岗位；特种作业人员必须接受专门的安全作业培训，取得相应的资格，方可上岗作业。

各单位应对职工进行经常性的安全教育，并且注意结合职工文化生活进行各种安全生产的宣传活动。在采用新的生产方法、添设新的技术设备或调换新的员工的时候，必须对有关人员进行新操作方法和新工作岗位的安全教育。

安全教育培训的方式可以多种多样，关键是能够取得实际效果，可采取集中培训、技能实训、现场培训、在岗自学、仿真培训、远程培训等方式，并做好相关记录。

四、劳动防护用品发放标准和管理制度

劳动防护用品是指在劳动中为防御物理、化学、生物、环境等外界因素危害而为员工配发的个体防护物品（不含电力安全工器具、带电作业防护用具、运维检修装备），包括头部、呼吸器官、眼（面）部、听觉器官、手部、足部、躯干、皮肤防护用品和其他防护用品九大类。

发放职工个人劳动防护用品是保护劳动者安全健康的一种预防性辅助措施，是由用人单位提供的必需物品，不是生活福利待遇。应根据安全生产、防止职业伤害的需要，按照不同工种、不同劳动条件，发放职工工人防护用品。

各单位采购的任何劳动防护用品必须具有产品合格证、安全鉴定证、安全生产许可证，同时应有质量检测报告书。特种作业劳动防护用品，必须按照国家有关规定，到特种劳动防护用品生产、经营的定点单位采购。

员工个人使用的劳动防护用品应保持干净清洁，并按照规定要求妥善保存和维护。公用的劳动防护用品应由部门或班组统一保管，定期维护。对保管要求较高的劳动防护用品，应根据其特点配备干燥通风的支架、专用储藏柜或专用工具箱。

五、建设项目"三同时"制度

建设项目"三同时"是指生产性基本建设项目中的安全生产设施必须符合国家规定的标准，必须与主体工程同时设计、同时施工、同时投入生产和使用，以确保建设项目竣工投产后，符合国家规定的安全卫生标准，保障劳动者在生产过程中的安全与健康。

建设项目"三同时"针对的是新建、改建、扩建的基本建设项目、技术改造项目和引进的建设项目。

建设项目"三同时"，要求从项目的论证到设计、施工、竣工验收都应按"三同时"的规定进行审查验收，具体包括可行性研究、初步设计、施工、试生产、竣工验收等。

六、作业规程和安全操作制度

（1）作业规程。组织、指导检修维护的一系列管理规章，其内容包括作业范围的环境概况、工作场地情况、生产系统、工艺流程、设备布置、主要技术参数、工作计划、质量指标、经济技术指标、劳动组织、安全技术措施、安全应急预案等。抽水蓄能电站编制的各类设备的检修规程、设备检修导则、技术管理制度都属于这一范畴，如发电机电动机检修规程、主变压器检修规程、定值管理制度、缺陷管理制度等。

（2）安全操作规程。规定员工操作机组设备或仪器仪表、运行隔离等必须遵守的程序和注意事项。安全操作规程应根据生产工艺、设备特性和安全操作经验及事故教训等方面制定，主要内容包括操作步骤和程序、安全注意事项等。抽水蓄能电站编制的各类设备的运行规程、电力安全工作规程等都属于这一范畴，如工作票管理办法、操作票管理办法等。

有关设备设施经过大修或技术改造后情况发生了变化，应及时修订相关检修规程、运行操作规程，并补充必要的安全技术措施。

七、安全工作奖惩管理制度

建立健全安全工作奖惩制度，目的是规范和加强安全管理工作，强化安全激励约束机制，落实各级安全责任，严格事故责任追究和考核，在安全工作中做到奖惩分明。安全奖惩一般以精神鼓励与物质奖励相结合、思想教育与处罚相结合的原则，实行安全目标管理、过程管控和以责论处的安全奖惩办法。

各单位结合实际制定相应的安全工作奖惩管理制度，明确奖惩项目、标准、实施流程、职责等，对安全工作做出突出贡献、安全生产业绩优秀的个人和集体予以奖励，对安全目标未实现、安全失职、违反安全工作规程以及发生事故的集体和责任人员进行处罚。

八、其他安全管理制度

（1）劳动纪律制度。劳动纪律是职工参与安全生产管理所必须遵守的劳动规则和秩序，是维持正常生产秩序、保证生产顺利和劳动安全的必要条件，每个职工都必须自觉遵守。

（2）安全保卫制度。抽水蓄能电站是国家重要电力设施场所，应该按照《电力设施保护条例》等相关规定的要求，从物防、人防、技防等方面，采取有效手段对电站厂房、上下水库及大坝、控制楼、出线场等区域进行严格管控，防止外力破坏事件发生。

（3）交通安全制度。抽水蓄能电站地处偏僻，大多远离城市，职工上下班、现场处理缺陷等都需要乘坐交通工具。因此，对职工乘坐交通工具、车辆驾驶、厂区内交通、单位车辆维护等进行严格管理是非常必要的。

（4）安全例行工作制度。定期组织召开安全生产委员会会员、安全工作会议、月度安全分析会以及班前会、班后会等，开展各类安全检查、安全性评价、隐患排查、反违章和安全日活动、安全生产月活动等。

（5）业务外包管理制度。针对业务外包工程项目，从合同签订、"三措"审查、人员准入、现场文明施工管理等方面进行明确和规定，确保施工过程安全有序。

（6）职业卫生管理制度。对工作场所产生或存在的职业性有害因素及其健康损害进行识别、评估、预测和控制，预防和保护职工免受职业性有害因素所致的健康影响和危险。

（7）隐患排查治理制度。构建隐患排查治理长效机制，定期或不定期组织开展隐患排查工作，对发现的隐患及时进行评估，明确治理方案和责任人，确保按期完成治理工作。

（8）反违章工作管理制度。对各类违章行为进行分类定级，明确扣分及经济处罚标准。职工或承包单位施工人员或服务人员如有违章行为，按照制度规定进行扣分或经济处罚。

第三节　安全生产应急管理

电站安全生产应急管理包括应急体系建设与运维，以及突发事件的预防与应急准备、监测与预警、应急处置与救援、事后恢复与重建等工作。按照"综合协调、分类管理、分级负责、属地为主"的原则，不断完善安全生产专项预案，积极开展多种形式的应急演练，提高应急预案的针对性、可操作性和衔接性。

一、应急事故的特点

（1）不确定性和突发性。不确定性和突发性是各类公共安全事故、灾害与事件的共同特征，大部分的事故都是突然爆发。爆发前基本没有明显征兆，而且一旦发生，发展蔓延迅速，甚至失控。

（2）复杂性。应急活动的复杂性主要表现在事故、灾害或者事件影响因素与演变规律的不确定性和不可预见的多变性，以及现场处置的复杂性。

（3）技术性。重大事故的处置措施往往涉及较强的专业技术支持，包括易燃物质、有毒危险物质、复杂危险工艺等，对每一行动方案、监测以及应急人员防护等都需要在专业人员的支持下进行决策。

（4）后果易猝变、激化和放大。安全事故、灾害与事件虽然是小概率事件，但后果一般比较严重，会造成广泛的公众影响，应急处理稍有不慎，就可能改变事故、灾害与事件的性质，使平稳、有序的状态朝着混乱和冲突的方向发展，波及范围扩展，卷入人群数量增加，人员伤亡与财产损失后果加大，使后果猝变、激化与放大，造成失控状态。

二、应急体系建设

各单位应成立以主要负责人为组长的应急领导小组，其主要职责：贯彻落实上级有关突发事件应急的法规和规定；指挥、协调应急准备、应急响应和应急救援工作；组织应急预案的编制、评审、发布、备案、培训、演练和修订等工作；监督、管理应急体系的建设和运转；通报或发布应急救援与处理的进展情况；协调与外部应急力量、政府相关部门的关系。

应急领导小组下设突发事件应急办公室（简称应急办），应急办设在各单位安全监察部门，由安监部门负责人担任主任，成员由单位各部门负责人、安监部门相关人员、其他部门相关人员组成，其主要职责：处理单位日常应急管理工作；联络、协调上级单位与政府部门应急机构及相关部门的关系；负责单位各类突发事件应急预案的编制、评审、发布、备案、培训、演练和修订的具体组织工作；在应急领导小组的指挥下，负责所发生的突发情况的应急组织与协调。

三、应急预案

突发事件应急预案（简称应急预案）是针对可能发生的重大突发事件，为保证迅速、有序、有效地开展应急救援行动、降低突发事件损失而预先制订的有关计划或方案。应急预案分为综合预案、专项预案和现场处置方案三类。

综合预案是对各类突发事件应急处理的共性方式、方法、原则的说明，要从总体上阐述应急目标、应急原则、应急组织及职责、应急行动的整体思路等内容。专项预案针对的是公司较为典型的突发事件，例如设备事故、人身伤亡事故、自然灾害事故等。现场处置方案是针对特定的具体场所，在详细分析现场突发事件风险的基础上，对应急救援中的各个方面做出具体的安排而制订的应急预案，因此现场处置方案必须具有很强的针对性、指导性和可操作性。

各类型应急预案应由相同要素构成，包括总则、应急处置基本原则、事件类型和危害程度分析、事件分级、应急指挥机构及职责、预防与预警、信息报告、应急响应、后期处置、应急保障、培训和演练、附则和附件等。

应急预案必须通过评审后方发布使用，并向政府安全监督部门和行业监督管理部门报备案。应急预案应每三年进行一次修订。

四、预防与应急准备

电站在规划、设计、建设和运行过程中，应充分考虑自然灾害等各类突发事件影响，以及发展裕度持续改善布局结构，使之满足防灾抗灾要求，符合国家预防和处置自然灾害等突发事件的需要。

各单位应与当地气象、水利、地震、地质、交通、消防、公安等政府专业部门建立信息沟通机制，共享信息，提高预警和处置的科学性，并与地方政府、社会机构建立应急沟通与协调机制。

定期开展应急能力评估活动，客观、科学评估应急能力的状况、存在的问题，指导本单位有针对性开展应急体系建设。合理配备应急物资，定期组织培训和应急演练，提高应急处置能力。

五、监测与预警

各单位应及时汇总分析突发事件风险（如台风、强降雨、泥石流等），对发生突发事件的可能性及其可能造成的影响进行分析、评估，依托各级行政、生产、调度和应急管理组织机构加强及时获取和快速报送相关信息。

根据突发事件的紧急程度、发展态势和可能造成的危害，及时发布预警信息。预警分为一、二、三、四级，分别用红色、橙色、黄色和蓝色标示，一级为最高级别。

预警信息发布后，相关部门应当按照应急预案要求，采取有效措施做好防御工作，监测事件发展态势，避免、减轻或消除突发事件可能造成的损害。必要时启动应急指挥中心。

六、应急分级与处置

（一）应急分级

根据突发事件造成的危害程度、紧急程度和发展态势，应急处置响应级别由高到低划分为四级，即一、二、三、四级，一级为最高级。

（二）应急处置

应急处置程序按过程可分为接警、应急启动、响应级别确定、救援行动、应急恢复和应急结束等。

接警：应急办公室接到突发事件报警时，做好突发事件情况和联系方式的记录，并向应急领导小组汇报。

应急启动：应急领导小组接到突发事件通报后，启动相应应急预案。

响应级别确定：应急领导小组根据突发事件的信息确定相应的响应级别。

救援行动：应急工作人员进入突发事件现场，积极开展人员救助、抢险等有关应急救援工作。当事态无法得到有效控制时，向上级应急机构请求实施更高级别的应急响应。

应急恢复：抢险行动结束后，进入应急恢复阶段，包括现场清理、人员清点和撤离、受影响区域的连续监测等。

七、信息报送

突发事件发生后，事发单位应及时向上一级单位行政值班机构和专业部门报告，情况紧急时可越级上报。根据突发事件影响程度，按规定要求报告当地政府有关部门和行业监管部门。

突发事件信息报告包括即时报告、后续报告，报告方式有电子邮件、传真、电话、短信等。

八、事后恢复与评估

突发事件应急处置工作结束后，各单位要积极组织受损设施、场所和生产经营秩序的恢复重建工作。同时，对突发事件的起因、性质、影响、经验教训和恢复重建等问题进行调查评估，并在事故调查报告中做出评估结论，提出防范和改进措施。

思　考　题

1. 主要有哪些安全生产制度？
2. 应急预案包括哪些类型？应急处置分为哪些过程？

第四章　典型设备操作

本章概述

本章主要介绍抽水蓄能电站典型设备操作，根据抽水蓄能电站主接线、机组、厂用电等设备的典型设计，讲解设备倒闸操作、停复役操作和继电保护投退操作，本章包括出线及母线倒闸操作、主变压器倒闸操作、厂用电倒闸操作、机组停复役操作、机组辅助设备停复役操作和继电保护投退操作六部分。

学习目标

	学习目标
知识目标	1. 能记住全厂主要设备的正常运行方式和运行状态。 2. 了解设备停复役操作的技术措施、要求和操作步骤。 3. 掌握电站各设备电气闭锁、机械闭锁，清楚闭锁装置的原理。 4. 掌握电站各设备闭锁装置、断路器、隔离开关、阀门等设备的操作方法。 5. 清楚机组停复役操作的原则、操作思路，以及停复役范围的确定。 6. 清楚机组辅助设备停复役操作的原则和操作思路。
技能目标	1. 能正确拟写设备停复役操作票。 2. 能识别操作过程中可能涉及的风险。

第一节　出线及母线倒闸操作

一、设备状态

一次设备的状态一般分为以下五种：

（1）运行状态：设备的断路器及其两侧的隔离开关都在合上位置，接地开关在分开位置。

（2）热备用状态：设备断路器在分开位置，隔离开关在合上位置，接地开关在分开位置。

（3）冷备用状态：设备断路器、隔离开关、接地开关均在分开位置。

（4）检修状态：设备断路器、隔离开关在分开位置，接地开关在合上位置。

（5）带电冷备用：设备断路器在分开位置，有电侧隔离开关在合上位置，无电侧隔离开关在分开位置，接地开关在分开位置。

二、调度指令

出线和母线属于调度管辖设备，在进行 500kV 出线和母线操作前必须得到调度的操作正令或口令，方可进行操作，并在操作完成后立刻向调度回令，汇报操作结束，等待调度的下一个操作指令。

操作指令有以下两种形式：

（1）综合操作指令：值班调度员向值班人员发布的不涉及其他厂站配合的综合操作任务的调度指令。其具体的逐项操作步骤、内容以及安全措施，均由厂（站）值班人员自行按规程拟订。

（2）单项或逐项操作指令：值班调度员向值班人员发布的操作指令是具体的逐项操作步骤和内容，要求值班人员按照指令的操作步骤和内容逐项进行操作。值班调度员向值班人员发布的单——项操作的指令为单项操作指令。

三、出线和母线典型操作

（一）出线典型操作

1. 出线运行改为热备用

（1）按调度令：×× 出线从运行改为热备用。

（2）检查 ×× 线 ×× 断路器间隔控制柜断路器控制方式 ×× 在"远方"位置。

（3）检查 ×× 线 ×× 断路器气隔压力及油压正常。

（4）拉开 ×× 线 ×× 断路器。

（5）检查 ×× 线 ×× 断路器三相电气指示在拉开位置。

（6）检查 ×× 线 ×× 断路器三相机械指示在拉开位置。

2. 出线热备用改为运行

（1）按调度令：×× 出线从热备用改为运行。

（2）检查 ×× 断路器三相不一致 1 保护压板 ×× 在投入位置。

（3）检查 ×× 断路器三相不一致 2 保护压板 ×× 在投入位置。

（4）检查 ×× 断路器三相不一致 3 保护压板 ×× 在投入位置。

（5）检查 ×× 线 ×× 断路器间隔控制柜断路器控制方式 ×× 在"远方"位置。

（6）检查 ×× 线 ×× 断路器母线侧 ×× 隔离开关三相电气指示在拉开位置。

（7）检查 ×× 线 ×× 断路器母线侧 ×× 隔离开关三相机械指示在拉开位置。

（8）检查 ×× 线 ×× 隔离开关三相电气指示在合上位置。

（9）检查 ×× 线 ×× 隔离开关三相机械指示在合上位置。

（10）检查 ×× 线 ×× 断路器气隔压力及油压正常。

（11）合上××线××断路器。

（12）检查××线××断路器三相电气指示在合上位置。

（13）检查××线××断路器三相机械指示在合上位置。

3. 出线热备用改为冷备用

（1）按调度令：××出线从热备用改为冷备用。

（2）检查××线××断路器间隔控制柜断路器控制方式××在"远方"位置。

（3）检查××线××断路器三相电气指示在拉开位置。

（4）检查××线××断路器三相机械指示在拉开位置。

（5）拉开××线××隔离开关。

（6）检查××线××隔离开关三相电气指示在拉开位置。

（7）检查××线××隔离开关三相机械指示在拉开位置并锁上。

（8）拉开××线××断路器母线侧××隔离开关。

（9）检查××线××断路器母线侧××隔离开关三相电气指示在拉开位置。

（10）检查××线××断路器母线侧××隔离开关三相机械指示在拉开位置并锁上。

（11）拉开××线××隔离开关操作电源开关××并锁上。

（12）拉开××线××断路器母线侧××隔离开关操作电源开关××并锁上。

4. 出线冷备用改为热备用

（1）按调度令：××出线从冷备用改为热备用。

（2）检查××线××断路器间隔控制柜断路器控制方式××在"远方"位置。

（3）检查××线××断路器三相电气指示在拉开位置。

（4）检查××线××断路器三相机械指示在拉开位置。

（5）解锁并合上××线××隔离开关操作电开关××。

（6）解锁并合上××线××断路器母线侧××隔离开关操作电源开关××。

（7）解锁并合上××线××断路器母线侧××隔离开关。

（8）检查××线××断路器母线侧××隔离开关三相电气指示在合上位置。

（9）检查××线××断路器母线侧××隔离开关三相机械指示在合上位置。

（10）解锁并合上××线××隔离开关。

（11）检查××线××隔离开关三相电气指示在合上位置。

（12）检查××线××隔离开关三相机械指示在合上位置。

5. 出线冷备用改为检修

（1）按调度令：××出线从冷备用改为检修。

（2）检查××线××隔离开关三相电气指示在拉开位置。

（3）检查××线××隔离开关三相机械指示在拉开位置并已锁上。

（4）检查××线电压指示为0。

（5）解锁××线××快速接地开关。

（6）检查××线××快速接地开关操作电源开关××在合上位置。

（7）检查××线××快速接地开关控制电源开关××在合上位置。

（8）将××线××断路器间隔控制柜断路器控制方式××切至"现地"位置。

（9）在××线路上验明三相确无电压。

（10）合上××线××快速接地开关。

（11）检查××线××快速接地开关三相电气指示在合上位置。

（12）检查××线××快速接地开关三相机械指示在合上位置并锁上。

（13）将所合接地开关登记入生产管理系统。

（14）拉开××线××快速接地开关操作电源开关××并锁上。

（15）拉开××线××快速接地开关控制电源开关××并锁上。

（16）拉开××线电压互感器二次侧开关××并锁上。

6. 出线检修改为冷备用

（1）按调度令：××出线从检修改为冷备用。

（2）检查××线××隔离开关三相电气指示在拉开位置。

（3）检查××线××隔离开关三相机械指示在拉开位置并已锁上。

（4）合上××线电压互感器二次侧开关××。

（5）解锁并检查××线××快速接地开关三相电气指示在合上位置。

（6）检查××线××快速接地开关三相机械指示在合上位置。

（7）解锁并合上××线××快速接地开关操作电源开关××。

（8）解锁并合上××线××快速接地开关控制电源开关××。

（9）检查××线××断路器间隔控制柜断路器控制方式××切至"现地"位置。

（10）拉开××线××快速接地开关。

（11）检查××线××快速接地开关三相电气指示在拉开位置。

（12）检查××线××快速接地开关三相机械指示在拉开位置并锁上。

（13）将所分接地开关登记入生产管理系统。

（14）将××线××断路器间隔控制柜断路器控制方式××切至"远方"位置。

（二）母线典型操作

1. 母线冷备用改为检修

（1）按调度令：500kVⅠ母线从冷备用改为检修。

（2）检查××线××隔离开关三相电气指示在拉开位置。

（3）检查××线××隔离开关三相机械指示在拉开位置并已锁上。

（4）检查××断路器母线侧××隔离开关三相电气指示在拉开位置。

（5）检查××断路器母线侧××隔离开关三相机械指示在拉开位置并已锁上。

（6）检查 500kV 分段 ×× 断路器 I 母线侧 ×× 隔离开关三相电气指示在拉开位置。

（7）检查 500kV 分段 ×× 断路器 I 母线侧 ×× 隔离开关三相机械指示在拉开位置并已锁上。

（8）拉开 500kV I 母线电压互感器二次侧开关 ×× 并锁上。

（9）将 500kV I 母线断路器间隔控制柜断路器控制方式 ×× 切至"现地"位置。

（10）在 500kV I 母线上验明三相确无电压。

（11）解锁并合上 500kV I 母线 ×× 接地开关。

（12）检查 500kV I 母线 ×× 接地开关三相电气指示在合上位置。

（13）检查 500kV I 母线 ×× 接地开关三相机械指示在合上位置并锁上。

（14）将所合接地开关登记入生产管理系统。

（15）拉开 500kV I 母线 ×× 接地开关操作电源开关 ×× 并锁上。

（16）拉开 500kV I 母线 ×× 接地开关控制电源开关 ×× 并锁上。

2. 500kV I 母线从检修改为冷备用

（1）按调度令：500kV I 母线从检修改为冷备用。

（2）检查 ×× 线 ×× 隔离开关电气指示在拉开位置。

（3）检查 ×× 线 ×× 隔离开关机械指示在拉开位置并已锁上。

（4）检查 ×× 断路器母线侧 ×× 隔离开关三相电气指示在拉开位置。

（5）检查 ×× 断路器母线侧 ×× 隔离开关三相机械指示在拉开位置并已锁上。

（6）检查 500kV 分段 ×× 断路器 I 母线侧 ×× 隔离开关三相电气指示在拉开位置。

（7）检查 500kV 分段 ×× 断路器 I 母线侧 ×× 隔离开关三相机械指示在拉开位置并已锁上。

（8）解锁并合上 500kV I 母线 ×× 接地开关操作电源开关 ××。

（9）解锁并合上 500kV I 母线 ×× 接地开关控制电源开关 ××。

（10）检查 500kV I 母线断路器间隔控制柜断路器控制方式 ×× 已切至"现地"位置。

（11）解锁并拉开 500kV I 母线 ×× 接地开关。

（12）检查 500kV I 母线 ×× 接地开关在拉开位置并锁上。

（13）将所拉接地开关登记入生产管理系统。

（14）将 500kV I 母线断路器间隔控制柜断路器控制方式 ×× 切至"远方"位置。

（15）解锁并合上 500kV I 母线电压互感器二次侧开关 ××。

第二节 主变压器倒闸操作

一、设备状态

（一）主变压器状态

（1）主变压器运行：主变压器的高压侧隔离开关在合上位置。

（2）主变压器冷备用：主变压器各侧隔离开关在断开位置。

（3）主变压器检修：主变压器各侧隔离开关均拉开并接地。

（二）电缆线状态

（1）电缆线冷备用：电缆线各侧隔离开关在断开位置。

（2）电缆线检修：电缆线各侧隔离开关均拉开并接地。

二、调度指令

500kV 电缆线和主变压器属于调度管辖设备，在进行操作前必须得到调度的操作正令或口令，方可进行操作，并在操作完成后立刻向调度回令，汇报操作结束，等待调度的下一个操作指令。主变压器在停复役过程中调度一般不下发逐项操作指令，而是采用综合操作令，如 1 号主变压器停役、1 号主变压器复役。

三、主变压器和电缆线典型操作

（一）主变压器典型操作

1. 1 号主变压器停役

（1）按调度令：1 号主变压器停役。

（2）检查 1 号机在停机状态。

（3）检查 1 号机换相隔离开关 ×× 在拉开位置并已锁上。

（4）检查 1 号机换相隔离开关 ×× 操作电源开关 ×× 在拉开位置。

（5）检查 1 号机励磁变压器低压侧断路器 ×× 在拉开位置并已摇至隔离位置且已锁上。

（6）检查 1 号 SFC 输入隔离开关 ×× 三相在拉开位置并已锁上。

（7）检查 1 号 SFC 输入隔离开关 ×× 操作电源开关 ×× 在拉开位置。

（8）检查 1 号厂用变压器断路器 ×× 在拉开位置并已摇至试验位置且已锁上。

（9）检查 1/2 号主变压器 ×× 断路器电缆侧 ×× 隔离开关在拉开位置。

（10）拉开 1 号主变压器高压侧 ×× 隔离开关。

（11）检查 1 号主变压器高压侧 ×× 隔离开关三相电气指示在拉开位置。

（12）检查 1 号主变压器高压侧 ×× 隔离开关三相机械指示在拉开位置并锁上。

（13）拉开 1 号主变压器低压侧电压互感器 ×× 二次侧开关 ×× 并锁上。

（14）合上 1 号主变压器低压侧 ×× 接地开关操作电源开关 ××。

（15）在 1 号主变压器低压侧验明三相确无电压。

（16）解锁并合上 1 号主变压器低压侧 ×× 接地开关。

（17）检查 1 号主变压器低压侧 ×× 接地开关三相电气指示在合上位置。

（18）检查 1 号主变压器低压侧 ×× 接地开关三相机械指示在合上位置并锁上。

（19）将所合接地开关登记入生产管理系统。

（20）拉开 1 号主变压器低压侧 ×× 接地开关操作电源开关 ×× 并锁上。

（21）将 1/2 号主变压器间隔控制柜断路器控制方式 ×× 切至"现地"位置。

（22）在 1 号主变压器高压侧验明三相确无电压。

（23）解锁并合上 1 号主变压器高压侧 ×× 接地开关。

（24）检查 1 号主变压器高压侧 ×× 接地开关三相电气指示在合上位置。

（25）检查 1 号主变压器高压侧 ×× 接地开关三相机械指示在合上位置。

（26）将所合接地开关登记入生产管理系统。

（27）拉开 1 号主变压器高压侧 ×× 隔离开关操作电源开关 ×× 并锁上。

（28）拉开 1 号主变压器高压侧 ×× 接地开关操作电源开关 ×× 并锁上。

（29）将 1/2 号主变压器间隔控制柜断路器控制方式 ×× 切至"远方"位置。

2．1 号主变压器复役

（1）按调度令：1 号主变压器复役。

（2）检查 1 号机换相隔离开关 ×× 在拉开位置并已锁上。

（3）检查 1 号机励磁变压器低压侧断路器 ×× 在拉开位置并已摇至隔离位置且已锁上。

（4）检查 1 号 SFC 输入隔离开关 ×× 三相在拉开位置并已锁上。

（5）检查 1 号厂用变压器断路器 ×× 在拉开位置并已摇至试验位置且已锁上。

（6）解锁并合上 1 号主变压器低压侧 ×× 接地开关操作电源开关 ××。

（7）解锁并拉开 1 号主变压器低压侧 ×× 接地开关。

（8）检查 1 号主变压器低压侧 ×× 接地开关三相电气指示在拉开位置。

（9）检查 1 号主变压器低压侧 ×× 接地开关三相机械指示在拉开位置并锁上。

（10）将所分接地开关登记入生产管理系统。

（11）拉开 1 号主变压器低压侧 ×× 接地开关操作电源开关 ××。

（12）检查 1/2 号主变压器 ×× 断路器电缆侧 ×× 隔离开关在拉开位置。

（13）解锁并合上 1 号主变压器高压侧 ×× 隔离开关操作电源开关 ××。

（14）解锁并合上 1 号主变压器高压侧 ×× 接地开关操作电源开关 ××。

（15）将 1/2 号主变压器间隔控制柜断路器控制方式 ×× 切至"现地"位置。

（16）解锁并拉开 1 号主变压器高压侧 ×× 接地开关。

（17）检查 1 号主变压器高压侧 ×× 接地开关三相电气指示在拉开位置。

（18）检查 1 号主变压器高压侧 ×× 接地开关三相机械指示在拉开位置并锁上。

（19）将所分接地开关登记入生产管理系统。

（20）将 1/2 号主变压器间隔控制柜断路器控制方式 ×× 切至"远方"位置。

（21）解锁并合上 1 号主变压器高压侧 ×× 隔离开关。

（22）检查 1 号主变压器高压侧 ×× 隔离开关三相电气指示在合上位置。

（23）检查 1 号主变压器高压侧 ×× 隔离开关三相机械指示在合上位置。

（24）解锁并合上 1 号主变压器低压侧电压互感器 ×× 二次侧开关 ××。

（二）电缆线典型操作

1. 1 号电缆线冷备用改为检修

（1）按调度令：1 号电缆线从冷备用改为检修。

（2）检查 ×× 断路器电缆侧 ×× 隔离开关三相电气指示在拉开位置。

（3）检查 ×× 断路器电缆侧 ×× 隔离开关三相机械指示在拉开位置并已锁上。

（4）检查 1 号主变压器高压侧 ×× 隔离开关三相电气指示在拉开位置。

（5）检查 1 号主变压器高压侧 ×× 隔离开关三相机械指示在拉开位置并已锁上。

（6）检查 2 号主变压器高压侧 ×× 隔离开关三相电气指示在拉开位置。

（7）检查 2 号主变压器高压侧 ×× 隔离开关三相机械指示在拉开位置并已锁上。

（8）将 1 号电缆线地面控制柜断路器控制方式 ×× 切至"现地"位置。

（9）在 1 号电缆线地面侧三相验明确无电压。

（10）解锁并合上 1 号电缆线地面侧 ×× 快速接地开关。

（11）检查 1 号电缆线地面侧 ×× 快速接地开关三相电气指示在合上位置。

（12）检查 1 号电缆线地面侧 ×× 快速接地开关三相机械指示在合上位置并锁上。

（13）将所合接地开关登记入生产管理系统。

（14）拉开 ×× 电缆线地面侧 ×× 快速接地开关操作电源开关 ×× 并锁上。

（15）拉开 ×× 电缆线地面侧 ×× 快速接地开关控制电源开关 ×× 并锁上。

（16）将 1 号电缆线地下控制柜断路器控制方式 ×× 切至"现地"位置。

（17）在 1 号电缆线地下侧三相验明确无电压。

（18）解锁并合上 1 号电缆线地下侧 ×× 接地开关。

（19）检查 1 号电缆线地下侧 ×× 接地开关三相电气指示在合上位置。

（20）检查 1 号电缆线地下侧 ×× 接地开关三相机械指示在合上位置并锁上。

（21）将所合接地开关登记入生产管理系统。

（22）拉开 ×× 电缆线地下侧 ×× 接地开关操作电源开关 ×× 并锁上。

（23）拉开 ×× 电缆线地下侧 ×× 接地开关控制电源开关 ×× 并锁上。

2. 1 号电缆线检修改为冷备用

（1）按调度令：1 号电缆线从冷备用改为检修。

（2）检查 ×× 断路器电缆侧 ×× 隔离开关电气指示在拉开位置。

（3）检查 ×× 断路器电缆侧 ×× 隔离开关机械指示在拉开位置并已锁上。

（4）检查 1 号主变压器高压侧 ×× 隔离开关电气指示在拉开位置。

（5）检查 1 号主变压器高压侧 ×× 隔离开关机械指示在拉开位置并已锁上。

（6）检查 2 号主变压器高压侧 ×× 隔离开关电气指示在拉开位置。

（7）检查 2 号主变压器高压侧 ×× 隔离开关机械指示在拉开位置并已锁上。

（8）解锁并合上 1 号电缆线地下侧 ×× 接地开关操作电源开关 ××。

（9）解锁并合上 1 号电缆线地下侧 ×× 接地开关控制电源开关 ××。

（10）检查 1 号电缆线地下控制柜断路器控制方式 ×× 已切至"现地"位置。

（11）解锁并拉开查 1 号电缆线地下侧 ×× 接地开关。

（12）检查 1 号电缆线地下侧 ×× 接地开关三相电气指示在拉开位置。

（13）检查 1 号电缆线地下侧 ×× 接地开关三相机械指示在拉开位置并锁上。

（14）将所拉接地开关登记入生产管理系统。

（15）将 1 号电缆线地下控制柜断路器控制方式 ×× 切至"远方"位置。

（16）解锁并合上 1 号电缆线地面侧 ×× 快速接地开关操作电源开关 ××。

（17）解锁并合上 1 号电缆线地面侧 ×× 快速接地开关控制电源开关 ××。

（18）检查 1 号电缆线地面控制柜断路器控制方式 ×× 已切至"现地"位置。

（19）解锁并拉开 1 号电缆线地面侧 ×× 快速接地开关。

（20）检查 1 号电缆线地面侧 ×× 快速接地开关三相电气指示在拉开位置。

（21）检查 1 号电缆线地面侧 ×× 快速接地开关三相机械指示在拉开位置并锁上。

（22）将所拉接地开关登记入生产管理系统。

（23）将 1 号电缆线地面控制柜断路器控制方式 ×× 切至"远方"位置。

第三节　厂用电倒闸操作

一、设备状态

小车断路器位置：

（1）工作位置：断路器本体连接插头与母线及负载相连，二次回路接通。

（2）试验位置：断路器本体连接插头与母线及负载断开，二次回路接通，可以进行断路器分 / 合试验。

（3）隔离位置：断路器本体连接插头与母线及负载断开，二次回路断开。

（4）检修位置：断路器本体已拉出仓外，允许对断路器本体进行维护工作。

二、厂用电典型倒闸操作

（一）厂用电倒闸操作

1. 厂用电Ⅰ母线从分段运行改为Ⅳ母线带Ⅰ母线运行

（1）检查厂用电Ⅰ母线下级负荷配电盘分段运行正常。

（2）检查1号厂用变压器断路器××控制方式在"远方"。

（3）检查厂用Ⅰ母线进线××断路器××控制方式在"远方"。

（4）检查厂用电Ⅰ～Ⅳ母联断路器××在拉开位置。

（5）检查厂用电Ⅰ～Ⅳ母联断路器××在工作位置。

（6）检查厂用电Ⅰ～Ⅳ母联断路器××控制方式在"远方"。

（7）检查厂用电Ⅰ～Ⅱ母联断路器××在拉开位置。

（8）将厂用电Ⅰ～Ⅱ母联断路器××控制方式切至"现地"位置。

（9）检查厂用电Ⅰ母线备用电源自动投入装置在投入状态。

（10）检查厂用电Ⅰ母线电压正常。

（11）检查厂用电Ⅳ母线电压正常。

（12）拉开1号厂用变压器断路器××。

（13）检查1号厂用变压器断路器××在拉开位置。

（14）将1号厂用变压器断路器××控制方式切至"现地"。

（15）将1号厂用变压器断路器××摇至试验位置。

（16）检查厂用电Ⅰ母线进线××断路器××在拉开位置。

（17）将厂用电Ⅰ母线进线××断路器××摇至试验位置。

（18）将厂用Ⅰ母线进线××断路器××控制方式切至"现地"。

（19）检查厂用电Ⅰ～Ⅳ母联断路器××在合上位置。

（20）检查厂用电Ⅰ～Ⅱ母联断路器××在拉开位置。

（21）将厂用电Ⅰ～Ⅱ母联断路器××控制方式切至"远方"位置。

（22）检查厂用电Ⅰ母线由厂用电Ⅳ母线供电正常。

（23）检查厂用电Ⅰ母线下级负荷配电盘分段运行正常。

2. 厂用电Ⅰ母线从Ⅳ母线带Ⅰ母线运行改为分段运行

（1）检查厂用电Ⅰ母线下级负荷配电盘分段运行正常。

（2）检查厂用Ⅰ母线进线××断路器××控制方式在"现地"位置。

（3）检查厂用Ⅰ母线进线××断路器××在拉开位置并已摇至试验位置。

（4）将厂用Ⅰ母线进线××断路器××摇至工作位置。

（5）检查1号厂用变压器断路器××在拉开位置并已摇至试验位置。

（6）将 1 号厂用变压器断路器 ×× 摇至工作位置。

（7）将 1 号厂用变压器断路器 ×× 控制方式切至"远方"。

（8）合上 1 号厂用变压器断路器 ××。

（9）检查 1 号厂用变压器断路器 ×× 在合上位置。

（10）检查 1 号厂用变压器 ×× 空载运行正常。

（11）将厂用Ⅰ母线进线 ×× 断路器 ×× 控制方式切至"远方"。

（12）拉开厂用电Ⅰ～Ⅳ母联断路器 ××。

（13）检查厂用电Ⅰ～Ⅳ母联断路器 ×× 在拉开位置。

（14）检查厂用Ⅰ母线进线 ×× 断路器 ×× 在合上位置。

（15）检查厂用电Ⅰ母线电压正常。

（16）复归厂用电Ⅰ母线备用电源自动投入装置报警。

（17）检查厂用电Ⅰ母线下级负荷配电盘分段运行正常。

（二）厂用电停复役典型操作

1. 厂用电Ⅰ母线从运行改为检修

（1）检查厂用电Ⅰ母线馈线断路器在拉开位置并已摇至试验位置。

（2）检查厂用电Ⅰ～Ⅱ母联断路器 ×× 在拉开位置。

（3）将厂用电Ⅰ～Ⅱ母联断路器 ×× 控制方式切至"现地"。

（4）将厂用电Ⅰ～Ⅱ母联隔离开关 ×× 摇至试验位置。

（5）检查厂用电Ⅰ～Ⅳ母联断路器 ×× 在拉开位置。

（6）将厂用电Ⅰ～Ⅳ母联断路器 ×× 控制方式切至"现地"。

（7）将厂用电Ⅰ～Ⅳ母联隔离开关 ×× 摇至试验位置。

（8）拉开 1 号厂用变压器断路器 ××。

（9）检查 1 号厂用变压器断路器 ×× 在拉开位置。

（10）将 1 号厂用变压器断路器 ×× 控制方式切至"现地"。

（11）将 1 号厂用变压器断路器 ×× 摇至试验位置。

（12）检查厂用电Ⅰ母线进线 ×× 断路器 ×× 在拉开位置。

（13）将厂用电Ⅰ母线进线 ×× 断路器 ×× 摇至试验位置。

（14）将厂用电Ⅰ母线进线 ×× 断路器 ×× 控制方式切至"现地"。

（15）将厂用电Ⅰ母线备用电源自动投入装置控制方式切至"退出"位置。

（16）将厂用电Ⅰ母线避雷器 ×× 摇至隔离位置。

（17）拉开厂用电Ⅰ母线电压互感器二次侧小断路器 ××。

（18）将厂用电Ⅰ母线电压互感器 ×× 摇至隔离位置。

（19）在厂用电Ⅰ母线母排上验明三相确无电压。

（20）在厂用电Ⅰ母线母排上装设一组三相短路接地线。

（21）将所挂接地线记入生产管理系统。

（22）将所挂接地线记入地线登记本。

2. 厂用电Ⅰ母线从检修改为运行

（1）拆除厂用电Ⅰ母线母排上一组三相短路接地线。

（2）检查厂用电Ⅰ母线母排上无接地线。

（3）将所拆除接地线登记入地线登记本。

（4）将所拆除地线登记入生产管理系统。

（5）在模拟屏上拆除厂用电Ⅰ母线母排地线悬挂黄色标签。

（6）检查地线登记本中厂用电Ⅰ母线母排上无地线装设记录。

（7）检查地线柜中厂用电Ⅰ母线母排上所挂地线已全部收回。

（8）将厂用电Ⅰ母线电压互感器××摇至工作位置。

（9）合上厂用电Ⅰ母线电压互感器二次侧小断路器××。

（10）将厂用电Ⅰ母线避雷器××摇至工作位置。

（11）检查地线登记本中1号厂用变压器无地线装设记录。

（12）检查1号主变压器低压侧接地开关××在拉开位置。

（13）检查1号厂用变压器断路器××在拉开位置并已摇至试验位置。

（14）将1号厂用变压器断路器××摇至工作位置。

（15）将1号厂用变压器断路器××控制方式切至"远方"。

（16）合上1号厂用变压器断路器××。

（17）检查1号厂用变压器断路器××在合上位置。

（18）检查1号厂用变压器空载运行正常。

（19）检查厂用电Ⅰ母线进线××断路器××在拉开位置并已摇至试验位置。

（20）将厂用电Ⅰ母线进线××断路器××摇至工作位置。

（21）将厂用Ⅰ母线进线××断路器××控制方式切至"远方"。

（22）检查厂用电Ⅰ母线进线××断路器××在合上位置。

（23）检查厂用电Ⅰ母线电压正常。

（24）检查厂用电Ⅰ～Ⅱ母联断路器××在拉开位置并已摇至试验位置。

（25）将厂用电Ⅰ～Ⅱ母联断路器××摇至工作位置。

（26）将厂用电Ⅰ～Ⅱ母联断路器××断路器控制方式切至"远方"。

（27）检查厂用电Ⅰ～Ⅳ母联断路器××在拉开位置并已摇至试验位置。

（28）将厂用电Ⅰ～Ⅳ母联断路器××摇至工作位置。

（29）将厂用电Ⅰ～Ⅳ母联断路器××断路器控制方式切至"远方"。

（30）将厂用电Ⅰ母线备用电源自动投入装置控制方式切至"投入"位置。

第四节　机组停复役操作

一、机组停复役操作的原则和停复役范围的确定

（一）机组停复役操作原则

（1）机组停复役操作必须填写操作票，每张操作票只能填写一个操作任务且应根据作业内容确定停役范围。

（2）机组检修时，回路中的各来电侧隔离开关操作手柄和电动操作隔离开关机构箱的箱门均应加挂机械锁。

（3）压力管道、蜗壳和尾水管等重要部位的泄压阀，以及一经操作即可送压且危及人身或设备安全的隔离阀门上应加挂机械锁。

（4）机组复役操作前，应检查确认所有与机组相关的检修工作均已结束，并且对应的工作票已终结。

（5）在填写机组复役操作票前，应查阅相关运行记事、检查现场设备实际状态。

（6）在满足上述原则的前提下，按操作时的行经路线确定各项操作顺序。

（二）机组停役范围的确定

（1）不论是机组大小修还是定检工作，机组电气部分均应从电气一、二次方面进行综合考虑，将相关一、二次回路从电气系统中隔离出来，包括机组断路器、换相隔离开关、TV回路、励磁系统、保护系统等。

（2）机组机械部分的停役，要视具体的检修内容而定，如排尾水、调相压水气罐泄压、球阀/调速器压力油罐泄压、球阀阀体排水等。

二、机组停役操作思路

（一）机组电气部分停役操作思路

电气部分的检修维护作业基本都涉及励磁系统、保护系统，以及发电电动机等一、二次设备，因此机组电气部分的停役范围是基本相同的。在机组电气部分停役时，主要考虑以下几点：

（1）通过拉开机组断路器、换相隔离开关、拖动隔离开关、被拖动隔离开关、中性点隔离开关，以及机组电压互感器二次回路小断路器等一、二次回路，将发电电动机隔离出来。

（2）通过拉开励磁变压器低压断路器、直流起励断路器，以及相应的励磁调节器电源小断路器，将励磁系统隔离出来。

（3）通过退出所有机组保护压板和协控装置压板，防止在机组检修过程中保护误出口。

（4）通过拉开转子绝缘装置及转子接地交流电源、拉开100%定子接地20Hz发生器直流电源，以断开加在发电电动机定、转子回路上的保护测量工作电源。

（5）通过合上机组断路器机组侧接地隔离开关，并在磁场断路器与转子绕组之间挂接地线，以防止突然来电。

（二）机组防转动措施操作思路

机组防转动措施，一般与机组电气部分停役相配合。机组防转动措施主要是机组在定检或临时消缺时，通过投入制动风闸和做好球阀、导叶防止误开启的措施，使上游进入转轮的水流被可靠截断，来防止发电电动机转动，从而确保作业人员安全。主要考虑以下几点：

（1）投入机组制动风闸，确保风闸制动气压正常。

（2）检查导叶在关闭状态，确保导叶液压锁锭投入。做好防止导叶误开启的相关措施，如调速器主油阀关闭、调速器主油阀手动关控制阀投入等。

（3）检查球阀在关闭状态、球阀工作密封投入、工作旁通阀关闭，确保球阀接力器锁锭投入。做好防止球阀误开启的措施，如球阀主油阀关闭、球阀手动紧急关球阀操作阀投入、球阀主油阀手动关控制阀投入等。

（三）机组尾水管、球阀阀体排水操作思路

尾水管、球阀阀体排水操作，主要考虑以下几点：

（1）机组需在停机状态下。

（2）球阀、尾水闸门关闭，并做好防误开启措施。

（3）蜗壳、尾水管的积水通过检修排水系统排出。

（4）由于球阀阀体、蜗壳是封闭空间，在排水过程中应对其进行适当补气，以确保排水顺利。

（5）尾水管一般设置了通气管，故不需另行补气。

（6）主变压器空载冷却水，如采用排至本机尾水管的设计，应考虑尾水管排空后，主变压器空载冷却水排水口处产生的振动。

（7）如尾水管高程高于自流排水口高程的，可以不经检修排水系统而采用自流排水方式。

（8）如尾水管高程低于自流排水口高程的，可以采用自流排水与检修排水泵相结合的方式。

三、机组复役操作思路

机组复役操作主要分为两部分，分别为机组电气部分复役和机组机械部分复役。不论是电气还是机械部分复役，操作目的均是将机组由检修状态恢复至备用状态，其中包含了机组电气一、二次设备，保护系统，励磁系统等。主要考虑以下几点：

（1）机组复役操作与停役操作相对应，一般分为电气部分复役和机械部分复役。主要目的是可以根据检修进展情况，相关设备有序复役。

（2）机组机械部分复役操作时，防转动措施解除、尾水管充水以及球阀阀体充水操作可以作为同一个操作任务。

（3）由于尾水管、球阀阀体为封闭的空间，在充水过程中应及时打开蜗壳排气阀排气。

（4）在充水时，尾水管、球阀阀体以及技术供水系统应采取逐级充水的方式，保证充水异常时，可以将损失降至最低。

（5）复役操作时，机组辅助设备系统，如调速器油系统、球阀油系统等，可以视检修进展情况作为单独操作任务先行恢复。

四、危险点分析与预控措施（以机组电气部分停役操作为例）

机组电气部分停役操作的危险点分析与预控措施如表 4-4-1 所示。

表 4-4-1　　　　　　机组电气部分停役操作的危险点分析与预控措施

序号	危险点	风险等级	预控措施
1	走错间隔	五级	1）看清设备名称及编号，操作前认真核对设备。 2）严格按操作程序操作，严禁跳项操作。每操作完一项应做"√"记号。 3）监护人监护到位
2	未经外观检查使用接地线	五级	1）使用前应检查接地线的合格标识中的检验是否合格，是否在有效期内。 2）使用前应对接地线外观进行检查，禁止使用接地线散股或断股、绝缘护套破损、护套与接地线固定螺栓松动、操作杆破损、接地夹/导线夹接触不良的接地线，严禁带缺陷使用
3	隔离开关实际位置未分开，导致设备损坏	五级	1）隔离开关位置需通过窥视孔检查确认已分开。 2）无法看到实际位置时，应通过二元法进行检查。 3）检查项应写入操作票
4	作业防护不当，造成触电伤害	五级	1）高压验电必有两人进行，一人操作，一人监护，操作在前，监护在后。 2）操作人员应戴绝缘手套、穿绝缘靴（绝缘等级相当），防止跨步电压或接触电压对人体伤害。 3）验电器伸缩式绝缘棒长度应拉足，验电时手应握在手柄处不得超过护环。 4）验电时身体所有部位不能超过验电器护环，且验电器伸缩杆应拉伸到位，避免因安全距离不够造成伤害
5	接地开关实际未合导致人身触电	四级	1）对接地开关实际位置通过观察孔进行检查。 2）无法看到实际位置时，应通过二元法进行检查。 3）检查项应写入操作票
6	使用不合格的绝缘用具，造成触电伤害	五级	1）使用前应检查绝缘工具合格标识中的检验是否合格，是否在有效期内。 2）使用前应对绝缘用具外观进行检查，禁止使用破损、有裂纹、老化、绝缘手杆松动的绝缘用具，严禁带缺陷使用。 3）使用前确认绝缘用具（如绝缘手套、绝缘鞋/靴、绝缘垫、绝缘挡板等）编号、电压等级正确
7	使用不合格的验电器，导致验电不准确	五级	1）使用前应检查验电器合格标识中的检验是否合格，是否在有效期内。 2）使用前应确认验电器连接部分牢固、指示器密封、验电器表面光滑、绝缘杆表面清洁、自检功能正常，严禁带缺陷使用。 3）使用接触式验电器，使用前应在有电设备或使用信号发生器确认验电器是否正常

续表

序号	危险点	风险等级	预控措施
8	残压电荷放电伤人	五级	装设接地线先挂接地端，并对导体端进行充分放电，然后再挂导体端
9	漏项、跳项等误操作	五级	1）操作过程中按照操作票顺序和内容操作。 2）操作完毕后监护人打"√"，全部操作完毕后复查。 3）操作中有疑问时，应立即停止操作并向发令人报告。待发令人再行许可后，方可进行操作
10	带电合接地开关	四级	1）合接地开关前必须进行验电，确认无电压。 2）无法直接验电的应通过二元法进行验电。 3）检查项应写入操作票

五、机组停役操作

以某电站机组由"停机备用"改为"检修"（电气部分）为例来说明具体的操作，其他如机组防转动、尾水管球阀阀体排水等操作可以参照停役操作原则和操作思路来填写操作票。

机组一次接线图如图 4-4-1 所示。

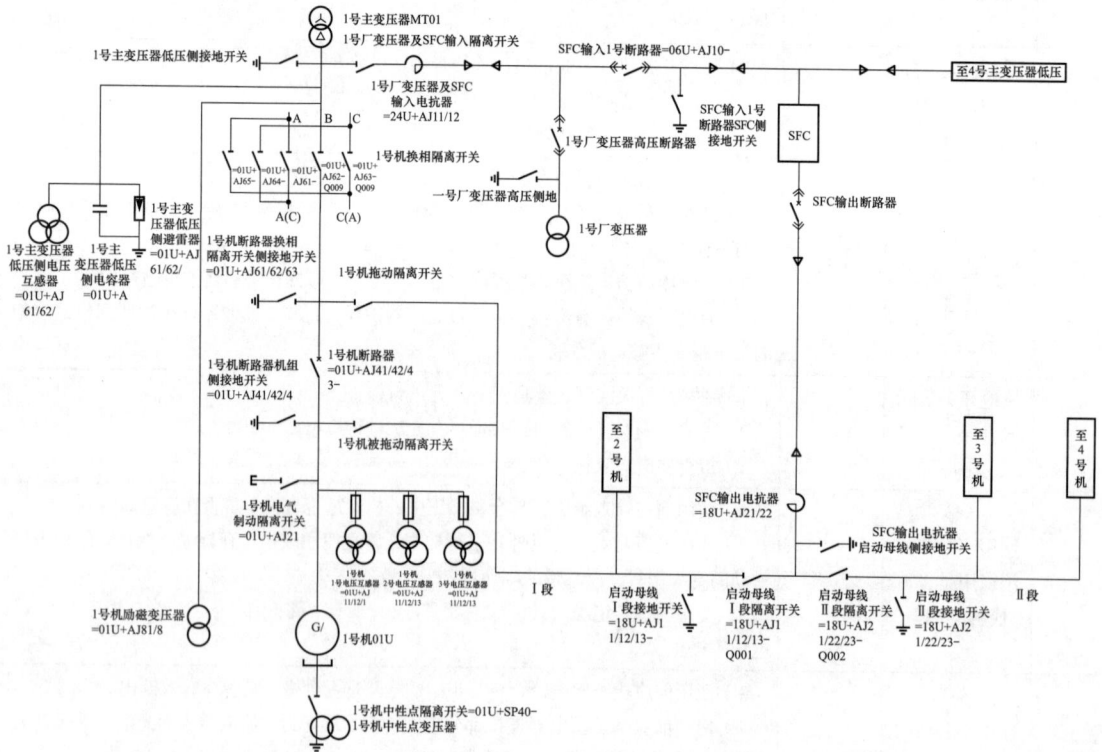

图 4-4-1　机组一次接线图

机组由"停机备用"改为"检修"（电气部分）的操作顺序如表 4-4-2 所示。

表 4-4-2 机组由"停机备用"改为"检修"(电气部分)的操作顺序

顺序	操作项目
1	检查 1 号机 =01U 在停机稳态
2	1 号机现地控制盘操作方式选择开关 =01U+GA01-S0020 切至"REV"位置
3	拉开 1 号机励磁变压器低压断路器合闸电源断路器 =04U+JD01-F0091
4	1 号机中性点隔离开关操作选择开关 =01U+SP40-S12 切至"LOCAL"
5	拉开 1 号机中性点隔离开关 =01U+SP40-Q001
6	检查 1 号机中性点隔离开关 =01U+SP40-Q001 在"分"位置
7	拉开 1 号机中性点隔离开关直流操作电源开关 =01U+SP40-F11
8	1 号机中性点隔离开关操作选择开关 =01U+SP40-S12 切至"0"位置
9	拉开 1 号机机组防结露加热器电源开关 =01U+BF01-Q0007
10	拉开 1 号机 1 号电压互感器 TV11 二次侧开关 =01U+AJ10-F111/F121
11	拉开 1 号机 2 号电压互感器 TV12 二次侧开关 =01U+AJ10-F211/F221
12	拉开 1 号机 3 号电压互感器 TV13 二次侧开关 =01U+AJ10-F311/F312/F313/F314/321
13	检查 1 号机断路器 =01U+AJ41/42/43-Q000 在"分"位置
14	拉开 1 号机断路器跳闸回路 1 及合闸电源开关 =01U+AJ40-F1
15	拉开 1 号机断路器跳闸回路 2 电源开关 =01U+AJ40-F2
16	拉开 1 号机断路器电动机直流电源开关 =01U+AJ40-F3
17	检查 1 号机励磁变压器低压侧断路器 =01U+AJ81-Q0001 在"分"位置
18	将 1 号机励磁变压器低压侧断路器 =01U+AJ81-Q0001 摇至"检修"位置
19	检查 1 号机换相隔离开关 =01U+AJ61/AJ62/AJ63/AJ64/AJ65-Q009 五极均在"分"位置
20	将 1 号机换相隔离开关 =01U+AJ61/AJ62/AJ63/AJ64/AJ65-Q009 五极锁上
21	检查 1 号机拖动隔离开关 =01U+AJ51/AJ52/AJ53-Q001 三相均在"分"位置
22	将 1 号机拖动隔离开关 =01U+AJ51/AJ52/AJ53-Q001 三相锁上
23	检查 1 号机被拖动隔离开关 =01U+AJ31/AJ32/AJ33-Q001 三相均在"分"位置
24	将 1 号机被拖动隔离开关 =01U+AJ31/AJ32/AJ33-Q001 三相锁上
25	1 号机拖动隔离开关、被拖动隔离开关控制切换开关 =01U+AJ30-S112 切至"0"位置
26	拉开 1 号机拖动隔离开关电动机三相交流电源开关 =01U+AJ30-F121/F221/F321
27	拉开 1 号机被拖动隔离开关电动机三相交流电源开关 =01U+AJ30-F111/F211/F311
28	拉开 1 号机换相隔离开关电动机交流电源开关 =01U+AJ40-Q901/Q902/Q903/Q904/Q905

续表

顺序	操作项目
29	拉开 1 号机起励电源开关 =41U+BT23-17Z
30	退出 1 号机 A 组保护跳 500kV 分段 5012 断路器跳闸线圈 I 压板 =01U+JA01-X0011
31	退出 1 号机 A 组保护跳 500kV 分段 5012 断路器跳闸线圈 II 压板 =01U+JA01-X0012
32	退出 1 号机 A 组保护跳桐仪线 5054 断路器跳闸线圈 I 压板 =01U+JA01-X0013
33	退出 1 号机 A 组保护跳桐仪线 5054 断路器跳闸线圈 II 压板 =01U+JA01-X0014
34	退出 1 号机 A 组保护跳 1 号机断路器跳闸线圈 I 压板 =01U+JA01-X0015
35	退出 1 号机 A 组保护跳 1 号机断路器跳闸线圈 II 压板 =01U+JA01-X0016
36	退出 1 号机 A 组保护跳 1 号机灭磁断路器跳闸线圈 I 压板 =01U+JA01-X0017
37	退出 1 号机 A 组保护跳 1 号机灭磁断路器跳闸线圈 II 压板 =01U+JA01-X0018
38	退出 1 号机 A 组保护停 1 号机 I 压板 =01U+JA01-X0019
39	退出 1 号机 A 组保护停 1 号机 II 压板 =01U+JA01-X0020
40	退出 1 号机 A 组保护跳 1 号机跳闸线圈 I 压板 =01U+JA01-X0021
41	退出 1 号机 A 组保护跳 1 号机跳闸线圈 II 压板 =01U+JA01-X0022
42	退出 1 号机 A 组保护跳 2 号厂用变压器高压断路器跳闸线圈 I 压板 =01U+JA01-X0023
43	退出 1 号机 A 组保护跳 2 号厂用变压器高压断路器跳闸线圈 II 压板 =01U+JA01-X0024
44	退出 1 号机 A 组保护跳 SFC 断路器跳闸线圈 I 压板 =01U+JA01-X0025
45	退出 1 号机 A 组保护跳 SFC 断路器跳闸线圈 II 压板 =01U+JA01-X0026
46	退出 1 号机 A 组保护停 3 号机压板 =01U+JA01-X0027
47	检查 1 号机 A 组保护启动消防灭火系统压板 =01U+JA01-X0028 在"退出"位置
48	退出 1 号机 A 组保护启动：50LBF/50CBF/BLK79L 压板 =01U+JA01-X0029
49	退出 1 号机 A 组保护启动 50LBF 压板 =01U+JA01-X0030
50	退出 1 号机 A 组保护启动 50CBF 压板 =01U+JA01-X0031
51	退出 1 号机 A 组保护闭锁 BLK79L 压板 =01U+JA01-X0032
52	退出 1 号机 B 组保护跳 500kV 分段 5012 断路器跳闸线圈 I 压板 =01U+JA02-X0011
53	退出 1 号机 B 组保护跳 500kV 分段 5012 断路器跳闸线圈 II 压板 =01U+JA02-X0012
54	退出 1 号机 B 组保护跳桐仪线 5054 断路器跳闸线圈 I 压板 =01U+JA02-X0013
55	退出 1 号机 B 组保护跳桐仪线 5054 断路器跳闸线圈 II 压板 =01U+JA02-X0014
56	退出 1 号机 B 组保护跳 1 号机断路器跳闸线圈 I 压板 =01U+JA02-X0015

顺序	操作项目
57	退出 1 号机 B 组保护跳 1 号机断路器跳闸线圈 Ⅱ 压板 =01U＋JA02－X0016
58	退出 1 号机 B 组保护跳 1 号机灭磁断路器跳闸线圈 Ⅰ 压板 =01U＋JA02－X0017
59	退出 1 号机 B 组保护跳 1 号机灭磁断路器跳闸线圈 Ⅱ 压板 =01U＋JA02－X0018
60	退出 1 号机 B 组保护停 1 号机 Ⅰ 压板 =01U＋JA02－X0019
61	退出 1 号机 B 组保护停 1 号机 Ⅱ 压板 =01U＋JA02－X0020
62	退出 1 号机 B 组保护跳 1 号机跳闸线圈 Ⅰ 压板 =01U＋JA02－X0021
63	退出 1 号机 B 组保护跳 1 号机跳闸线圈 Ⅱ 压板 =01U＋JA02－X0022
64	退出 1 号机 B 组保护跳 2 号厂用变压器高压断路器跳闸线圈 Ⅰ 压板 =01U＋JA02－X0023
65	退出 1 号机 B 组保护跳 2 号厂用变压器高压断路器跳闸线圈 Ⅱ 压板 =01U＋JA02－X0024
66	退出 1 号机 B 组保护跳 SFC 断路器跳闸线圈 Ⅰ 压板 =01U＋JA02－X0025
67	退出 1 号机 B 组保护跳 SFC 断路器跳闸线圈 Ⅱ 压板 =01U＋JA02－X0026
68	退出 1 号机 B 组保护停 3 号机压板 =01U＋JA02－X0027
69	检查 1 号机 B 组保护启动消防灭火系统压板 =01U＋JA02－X0028 在"退出"位置
70	退出 1 号机 B 组保护启动：50LBF/50CBF/BLK79L 压板 =01U＋JA02－X0029
71	退出 1 号机 B 组保护启动 50LBF 压板 =01U＋JA02－X0030
72	退出 1 号机 B 组保护启动 50CBF 压板 =01U＋JA02－X0031
73	退出 1 号机 B 组保护闭锁 BLK79L 压板 =01U＋JA02－X0032
74	拉开 1 号机 100% 定子接地 20Hz 发生器直流电源 =01U＋JA01－F0004
75	拉开 1 号机转子绝缘装置及转子接地交流电源 =01U＋JA01－F0005
76	退出 1 号机转子测量及过电压保护装置电源熔丝 =01U＋JD07－F0003
77	拉开 1 号机励磁 220V 电源开关 1 =01U＋JD01－F0071
78	拉开 1 号机励磁 220V 电源开关 2 =01U＋JD01－F0072
79	检查 1 号机电制动刀 =01U＋AJ21/AJ22/AJ23－Q001 在"分"位置
80	将 1 号机电制动刀 =01U＋AJ21/AJ22/AJ23－Q001 锁上
81	1 号机电制动刀电动机交流电源断路器 =01U＋AJ20－F11 切至"0"位置
82	在 1 号机电压互感器机组侧验电并确认无电压
83	取下 1 号机 1 号电压互感器 TV11 A、B、C 三相高压熔丝
84	取下 1 号机 2 号电压互感器 TV12 A、B、C 三相高压熔丝

顺序	操作项目
85	取下 1 号机 3 号电压互感器 TV13 A、B、C 三相高压熔丝
86	测量 1 号机定子绝缘并记录　$R''_{60}/R''_{15}=$
87	1 号机断路器现地 / 切 / 远方切换控制开关 =01U+AJ40-S2 切至 "LOCAL"
88	解锁 1 号机断路器机组侧接地开关 =01U+AJ41/42/43-Q081
89	合上 1 号机断路器机组侧接地开关 =01U+AJ41/42/43-Q081
90	检查 1 号机断路器机组侧接地开关 =01U+AJ41/42/43-Q081 三相均在 "合" 位置
91	将 1 号机断路器机组侧接地开关 =01U+AJ41/42/43-Q081 三相锁上
92	在 1 号机断路器 =01U+AJ41/42/43-Q000 换相隔离开关侧三相分别确认无电压
93	解锁 1 号机断路器换相隔离开关侧接地开关 =01U+AJ61/62/63-Q082
94	合上 1 号机断路器换相隔离开关侧接地开关 =01U+AJ61/62/63-Q082
95	检查 1 号机断路器换相隔离开关侧接地开关 =01U+AJ61/62/63-Q082 三相均在 "合" 位置
96	将 1 号机断路器换相隔离开关侧接地开关 =01U+AJ61/62/63-Q082 三相锁上
97	1 号机断路器现地 / 切 / 远方切换控制开关 =01U+AJ40-S2 切至 "0" 位置
98	拉开 1 号机断路器机组侧接地开关电动机三相交流电源 =01U+AJ40-Q810
99	拉开 1 号机断路器换相隔离开关侧接地开关电动机三相交流电源 =01U+AJ40-Q820
100	拉开 1 号机各侧接地开关控制及其换相隔离开关控制电源开关 =01U+AJ40-F4
101	在 1 号机励磁 =01U+JD07 盘内磁场断路器与转子绕组之间验明无电压
102	测量 1 号机转子绝缘并记录　$R=$
103	在 1 号机励磁 =01U+JD07 盘内磁场断路器与转子绕组之间装设接地线一组并记录编号

第五节　机组辅助设备停复役操作

一、机组辅助设备停复役操作的原则

（1）机组辅助设备复役操作前，应检查确认所有与该辅助设备系统相关的检修工作均已结束，并且对应的工作票已终结。

（2）机组辅助设备停复役操作必须填写操作票，每张操作票只能填写一个操作任务。

（3）机组辅助设备的停役一般应在机组停役后进行，在机组复役前先行复役。

（4）在填写机组复役操作票前，应查阅相关运行记事、检查现场设备实际状态。

（5）水泵、油泵及滤水器等设备，其回路上的阀门关闭时，应拉开相应设备的动力电源和控制电源，反之恢复时也同步合上。

二、机组辅助设备停役操作思路

（一）机组球阀、调速器油系统停役操作思路

球阀、调速器油系统停役操作，主要是为了配合球阀、调速器油系统相关设备的检查、清扫和消缺等工作，一般安排在机组停役操作完毕后进行，操作时主要考虑以下几点：

（1）球阀的检修密封、工作密封，以及工作旁通阀、导叶、接力器锁锭等已在机组停役操作时有涉及，所以在球阀、调速器油系统停役操作时只要检查相应设备的状态符合要求即可。

（2）球阀、调速器油系统的操作一般不考虑集油槽充排油，充排油工作由检修人员结合滤油作业进行。

（3）在球阀、调速器油系统停役后，为确保油系统渗漏油仍能及时送回到集油槽中，球阀、调速器漏油泵一般不退出工作。但是在集油槽进行排空清扫作业时，应作为安全措施将其隔离。

（4）若检修工作需涉及压油罐的清扫工作，则应考虑将压油罐的油排至集油槽并卸压。

（5）压油罐在开启排气阀卸压时，为确保压油罐中的积油能顺利排空，需留有一定的压力。

（二）机组技术供排水系统排水操作思路

机组技术供排水系统的排水操作一般建议作为单独的操作任务，这样可以简化机组停役操作且更具灵活性。操作时一般应考虑以下几点：

（1）进行技术供水排水操作时，应确认机组在停机稳态。

（2）在对技术供水回路排水前，需将技术供水回路上的技术供水泵、主轴密封增压泵、冷却水电动阀、技术供水滤过器等设备的动力电源、控制电源断开，并将相应控制方式放切除位置。

（三）机组技术供排水系统充水操作思路

机组技术供排水系统的充水操作一般建议作为单独的操作任务，这样可以简化机组复役操作且更具灵活性。操作时一般应考虑以下几点：

（1）进行技术供水系统充水操作时，应确认技术供水系统上的所有检修工作已结束，工作票已终结。

（2）技术供水系统充水操作，应待机组尾水管充水操作完成后进行。

三、机组辅助设备停复役操作（以机组技术供水系统充水操作为例）

下面以某电站机组技术供水系统充水操作为例来说明具体的操作，其他如机组技术供水系统排水、球阀油系统、调速器油系统，以及压油罐调油面等操作可以参照本节的操作原则和操作思路来填写操作票。

机组技术供水回路如图4-5-1所示。

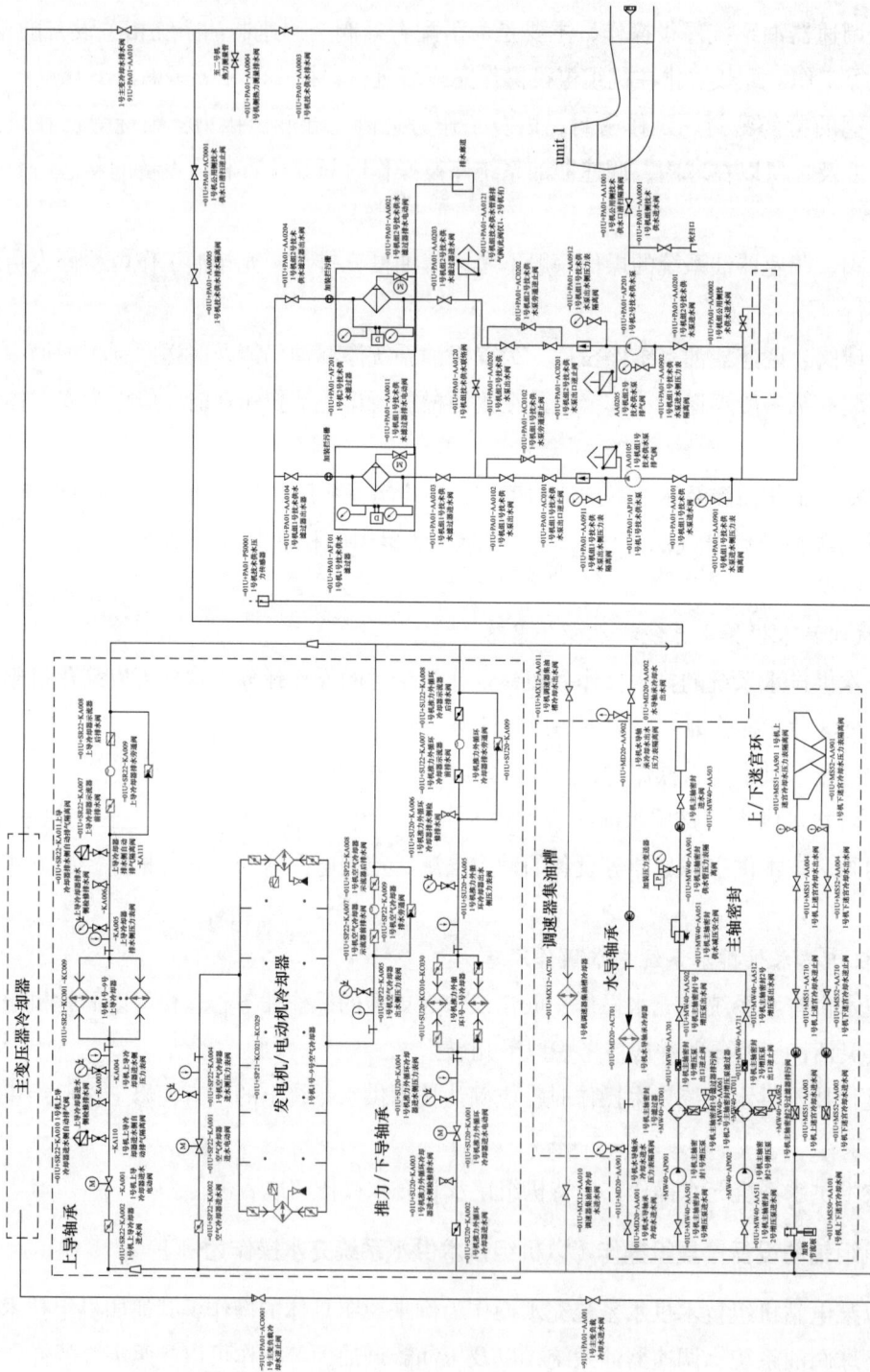

图 4-5-1 机组技术供水回路图

机组技术供水系统充水操作如表 4-5-1 所示。

表 4-5-1 机组技术供水系统充水操作

序号	操作项目
1	手动关闭 1 号机 1 号技术供水滤过器排污阀 =01U+PA01−AA0011
2	手动关闭 1 号机 2 号技术供水滤过器排污阀 =01U+PA01−AA0021
3	检查 1 号机上导冷却器进水阀 =01U+SR22−KA002 在"关闭"位置
4	检查 1 号机上导冷却器示流器后排水阀 =01U+SR22−KA008 在"关闭"位置
5	检查 1 号机上导冷却器排水旁通阀 =01U+SR22−KA009 在"关闭"位置
6	检查 1 号机公用侧技术供水进水阀 =01U+PA01−AA0002 在"关闭"位置
7	打开 1 号机机组侧技术供水进水阀 =01U+PA01−AA0001
8	检查 1 号机 =01U 技术供水管路无渗漏水
9	打开 1 号主变压器负载冷却水进水阀 =91U+PA01−AA001
10	打开 1 号机主轴密封进水阀 =01U+MW40−AA503
11	打开 1 号机上迷宫冷却水进水阀 =01U+MS51−AA003
12	打开 1 号机下迷宫冷却水进水阀 =01U+MS52−AA003
13	检查 1 号机 =01U 风洞内无漏水
14	打开 1 号机上导冷却器进水阀 =01U+SR22−KA002
15	打开 1 号机上导冷却器示流器后排水阀 =01U+SR22−KA008
16	检查 1 号机 =01U 上导冷却水管路无渗漏水
17	打开 1 号机技术供水排水隔离阀 =01U+PA01−AA005
18	合上 1 号机主轴密封 1 号增压泵电源开关 =01U+MC01−Q0005
19	合上 1 号机主轴密封 2 号增压泵电源开关 =01U+MC01−Q0006
20	将 1 号机主轴密封水泵选择开关 =01U+MC01−S0005 切至"MAN1"位置
21	将 1 号机主轴密封水泵 1 号泵操作开关 =01U+MC01−S0050 切至"ON"位置
22	将 1 号机主轴密封水泵选择开关 =01U+MC01−S0005 切至"AUTO"位置
23	检查 1 号机主轴密封水泵 1 号增压泵 =01U+MW40−AP001 运行正常
24	检查 1 号机 =01U 主轴密封供水水压正常
25	合上 1 号机 1 号技术供水泵电源开关 =01U+BF03−Q0001
26	合上 1 号机 2 号技术供水泵电源开关 =01U+BF05−Q0001
27	将 1 号机 1 号技术供水泵选择开关 =01U+PU01−S0010 切至"AUTO"位置
28	将 1 号机 2 号技术供水泵选择开关 =01U+PU01−S0020 切至"AUTO"位置
29	合上 1 号机 1 号技术供水滤过器总电源开关 =01U+PA01−QF1
30	合上 1 号机 2 号技术供水滤过器总电源开关 =01U+PA02−QF1
31	将 1 号机 1 号技术供水滤过器操作方式选择开关 =01U+PA01−S0010 切至"自动"位置
32	将 1 号机 2 号技术供水滤过器操作方式选择开关 =01U+PA02−S0020 切至"自动"位置
33	合上 1 号机推力外循环冷却器进水电动阀动力电源开关 =01U+SP02−F0002
34	将 1 号机现地控制盘操作方式选择开关 =01U+GA01−S0020 切至"REM"位置

第六节 继电保护投退操作

一、设备状态

（1）跳闸：保护的交直流回路正常运行，跳闸等出口回路正常运行。

（2）信号：信号保护的交直流回路正常运行，跳闸等出口回路停用。

（3）停用：保护的交直流回路停用，跳闸等出口回路停用。

二、注意事项

（1）投入压板前进行上下端对地电压测量，电压正常后方可投入压板。

（2）投入出口压板前务必检查保护装置无报警，操作继电器箱无保护出口信号。

（3）先投功能压板，后投跳闸出口压板。

三、典型操作

（一）1号机低功率保护从跳闸改为信号

（1）退出1号机A组电动工况低功率保护出口压板××。

（2）检查1号机A组电动工况低功率保护出口压板××在退出位置。

（二）1号机低功率保护从信号改为跳闸

（1）测量1号机A组电动工况低功率保护出口压板××上端对地电位正常。

（2）测量1号机A组电动工况低功率保护出口压板××下端对地电位正常。

（3）投入1号机A组电动工况低功率保护出口压板××。

（4）检查1号机A组电动工况低功率保护出口压板××投入正常。

思 考 题

1. 线路复役操作改运行时，是电厂侧先改运行还是对侧先改运行？

2. 对于双母接线方式的电站，母线停复役操作应如何拟写？

3. 出线侧接地开关的分合闸闭锁条件分别是什么？

4. 线路保护的停复役操作一般情况下调度不会单独发令，而是电厂根据需要自行投退，请问一般在一次设备处于什么状态下进行保护的投退操作？

5. 在进行500kV操作时，厂用电倒闸操作应该在何时进行比较合适？

6. 主变压器停役操作需不需要将主变压器消防和主变压器冷却水退出运行？

7. 主变压器高压侧开关的分合闸闭锁条件有哪些？

8. 厂用电10kV配电盘和400V配电盘的备自投是如何配合的？

9. 厂用电 I 母进线开关的分合闸逻辑是什么？

10. 机组停役操作根据检修作业任务的不同，可以分为哪些操作任务，请说明？

11. 机组尾水管排水操作有哪些注意事项？

12. 机组定检时，为什么要做机组防转动措施？如何做防转动措施？

13. 机组检修时，发电电动机为什么要从一、二次方面进行隔离，主要考虑哪些方面？

14. 调速器油系统的漏油泵，在调速器油系统停役时，为什么一般不进行隔离？什么情况下需隔离？

15. 如何确保压油罐中的积油能顺利排空？

16. 技术供水回路的充水操作为什么要逐路进行？

第五章 调度业务联系

本章概述

本章的编写目的是加强员工对调度对接业务的认识，强化与上级调度协调沟通的能力，提高调度操作命令的执行效率。主要介绍厂站在与上级调度进行业务联络过程中，调度下发操作命令或许可检修工作中的执行方式、使用的标准化术语、调度运行操作管理、调度故障处置管理、调度计划管理以及调度管理系统使用等内容。

学习目标

	学习目标
知识目标	1. 能正确理解调度令的形式。 2. 熟悉调度运行操作管理规定。 3. 熟悉调度故障处置规定，能简述处置流程。 4. 熟悉调度计划管理要求。
技能目标	1. 能正确使用调度术语。 2. 能正确编写年度、月度、日前电能计划和检修计划，明确计划申报节点。

第一节 调度令、调度术语和操作术语

一、调度令

值班调度员对直调设备发布操作指令有以下两种形式：

（1）综合操作指令：值班调度员向受令人发布的不涉及其他厂站配合的综合操作任务的调度指令。其具体的逐项操作步骤和内容以及安全措施，均由受令人自行按规程拟定。

（2）单项或逐项操作指令：值班调度员向受令人发布的操作指令，有具体的逐项操作步骤和内容，要求受令人按照指令的操作步骤和内容逐项进行操作。值班调度员发布的单一项操作的指令为单项操作指令。

设备操作前，值班调度员应填写操作指令票，涉及两个或以上单位共同完成的操作任务，应采用逐相操作指令票，仅由一个单位完成的操作任务，可采用综合操作指令票。

除综合操作指令、单项或逐项操作指令，值班调度员还可以通过发布口令的方式对厂站进行指令发布，一般是值班调度员在处理电力系统事故或异常情况时不经开票发布的调度指令。

操作许可是指值班调度员采用许可方式对直调范围的电气设备接线方式变更后的最终状态发布的倒闸操作命令，其具体的逐项操作步骤和内容以及安全措施，均由受令人自行按规程拟定。

值班调度员在进行操作时，应遵守发令、复诵、记录、录音、汇报等环节，并使用统一的调度术语和操作术语。发布调度令时，必须发出"发令时间"。受令人接受操作指令后必须复诵一遍，调度员应核对无误。"发令时间"是值班调度员正式发布操作指令的依据，受令人没有接到"发令时间"不得进行操作。

二、调度术语

抽水蓄能电站调度术语如表 5-1-1 所示。

表 5-1-1　　　　　　　　　　抽水蓄能电站调度术语表

序号	调度术语	含义
1	成组控制	抽水蓄能电站内自动化的主要控制软件模块，它包含常规成组控制软件的负荷管理和电压管理，以及优化软件，可通过总的设定值对全厂有功和无功进行控制
2	远方紧急支援	电厂侧成组及紧急支援控制装置依照"计划曲线有功功率＋紧急支援负荷附加有功功率值＝总目标有功功率"的方式自动调整并网机组有功功率和启停机组
3	SFC	变频启动装置
4	换相隔离开关（PRD）	抽水蓄能电站机端发电工况（GO）和抽水工况（PO）的转换隔离开关
5	××号电缆线	抽水蓄能电站从地下厂房到地面升压站的 500kV 电缆线路
6	抽水工况（PO）	机组以水泵状态工作
7	空载运行	机组在发电机运行状态，但出力为零
8	发电调相（SCT）	机组在发电旋转方向的调相工况
9	抽水调相（SCP）	机组在抽水旋转方向的调相工况
10	热备用	机组在故障情况下从发电工况转为停机转换的过渡过程
11	成组控制的自动模式（AUTOMATIC）	在此方式下，成组控制的作用同自动方式，但发给机组的指令必须经操作人员确认后执行，是一种开环控制方式
12	成组控制的监视模式（MONITORING）	在此方式下，机组不受成组控制的控制，由操作员在当地机旁盘（OIS）或中控室（OWS）工作站上对机组进行工况转换和有（无）功调节
13	机组单机运行方式（INDIVIDUAL）	在此方式下，机组的成组控制功能不起作用，操作员只能在中控室（OWS）工作站上进行控制

续表

序号	调度术语	含义
14	机组的成组运行方式 （JOINT）	只有处于成组运行方式下的机组，上级调度才能进行远方控制，执行成组控制的功能
15	负荷管理的负荷设定模式 （LSM）	在此模式下，操作员可使用日负荷曲线（DLC）或负荷设定值（ALSP）来确定电厂的出力，以上功能可以由 ECPDC 或 THP 工作站通过成组软件来实现
16	负荷管理的频率调节模式 （FAM）	频率调节模式对应于自动发电控制（AGC）的指令控制。机组的发电根据 AGC 的指令进行，每台机组的死区值为 150MW
17	负荷管理的频率辅助调节 模式（FAAM）	频率辅助调节模式是 LSM 和 FAM 的结合。当电网实际频率在某个设定的范围内时，成组控制按 LSM 方式进行，否则按 FAM 进行，两种运行方式的切换是由成组控制自动进行的
18	机组停机（ST）	机组在停机稳态
19	机组从停机转为发电， 出力带 ××MW	此操作可逆
20	机组从停机转为发电调相	此操作可逆
21	机组从停机转为抽水调相	此操作可逆
22	机组从抽水转为发电， 出力带 ××MW	—

三、操作术语

操作术语如表 5-1-2 所示。

表 5-1-2　　　　　　　　　**操 作 术 语 表**

序号	操作术语	含义
1	操作指令	值班调度员对其所管辖的设备进行变更电气接线方式和故障处理而发布倒闸操作的指令。可根据指令所包含项目分为逐项操作指令、综合操作指令（含大任务操作指令）及操作口令
2	操作许可	值班调度员采用许可方式对所管辖电气设备接线方式变更后的最终状态发布的倒闸操作命令
3	操作口令	值班调度员在处理电力系统事故或异常情况、设备缺陷时发布的倒闸操作指令。现场可先不填写操作票，待处理告一阶段后，再进行相应记录
4	并列	发电机（或两个系统）经检查同期并列运行
5	解列	发电机（或一个系统）与全系统解除并列运行
6	合环	在电气回路内或电网上开断口处，经操作将断路器（隔离开关）合上形成回路
7	解环	在电气回路或电网回路上，某处经操作后将回路分开
8	自同期并列	将发电机（调相机）用自同期法与系统并列运行

续表

序号	操作术语	含义
9	非同期并列	将发电机（调相机）不经同期检查即并列运行
10	倒母线	××线路或主变压器从正（副或××号）母线倒向副（正或××号）母线
11	冷倒	断路器在热备用状态，拉开××母线隔离开关，合上××母线隔离开关
12	强送	设备因故障跳闸后，未经检查即送电
13	挂（拆）接地线（或合上，拉开接地隔离开关）	用临时接地线（或接地隔离开关）将设备与大地接通（或断开）
14	零起升压	利用发电机将设备从零起渐渐增至额定电压
15	保护从停用改为信号（从信号改为停用）	放上××保护直流熔丝（或合上直流电源断路器），或取下××保护直流熔丝（或拉开直流电源断路器）
16	保护从信号改为跳闸（从跳闸改为信号）	用上（停用），或投入（切出）××保护跳闸压板
17	断路器非自动	将断路器直流控制电源断开
18	断路器改为自动	恢复断路器的操作直流回路

四、设备名称

（一）主要设备名称

主要设备名称如表5-1-3所示。

表5-1-3　　　　　　　　　主 要 设 备 名 称 表

序号	设备名称	调度标注名称
1	水轮发电机	××号机
2	断路器	××断路器
3	母线联络断路器	××kV母联断路器或××kV××号母联断路器
4	母线分段断路器	××kV××号分段断路器
5	隔离开关	隔离开关
6	变压器中性点小电抗、小电阻、阻抗	××号主变压器中性点小电抗、小电阻、阻抗
7	母线与旁路母线联络隔离开关	××kV××段母线联络隔离开关
8	母线（主母线、旁路母线）	Ⅰ或Ⅱ（正、副或××号）母线（旁路母线）
9	变压器：系统主变压器、发电厂厂用变压器、变电站站用变压器、系统联络变压器、系统中性点接地变压	××号主变压器　××号厂用变压器 ××号站用变压器 ××号联络变压器接地变压器
10	电流互感器（TA）	电流互感器

续表

序号	设备名称	调度标注名称
11	电压互感器（TV）	电压互感器
12	电缆	电缆
13	电容器	××号主变压器××号电容器
14	电抗	××高压电抗器××号主变压器××号低压电抗器
15	接地电阻	接地电阻
16	避雷器	（××设备）避雷器
17	阻波器	××号线路阻波器
18	交流滤波器	××号交流滤波器

（二）220kV 系统继电保护调度标准名称

220kV 系统继电保护调度标准名称如表 5-1-4 所示。

表 5-1-4　　　　　　　　　220kV 系统继电保护调度标准名称表

序号	保护名称	调度标准名称	调度操作指令举例
1	高频闭锁	高频闭锁（第××套高频保护）	1）三种状态：跳闸、信号、停用。 2）操作举例：××线相差高频从××（状态）改为××（状态）
2	方向高频	方向高频（第××套高频保护）	1）三种状态：跳闸、信号、停用。 2）操作举例：××线相差高频从××（状态）改为××（状态）
3	后备距离（包括相间距离和接地距离）	××线（第××套）距离保护	1）两种状态：用上、停用。 2）操作举例：用上（或停用）××线（第××套）距离保护；××线（第××套）距离××段时间从××改为××
4	方向零序电流保护	××线（第××套）方向零序电流保护	1）两种状态：用上、停用。 2）操作举例：用上（或停用）××线（第××套）方向零序电流保护；××线（第××套）方向零序电流××段时间从××改为××
5	重合闸	××线重合闸	1）两种状态：用上、停用。 2）操作举例：用上（或停用）××线重合闸
6	220kV 母线差动保护及失灵保护	220kV 母线差动保护及失灵保护	1）三种状态：跳闸、信号、停用。 2）操作举例：220kV（××母线）母线差动保护从××（状态）改为××（状态）

序号	保护名称	调度标准名称	调度操作指令举例
7	母线或母线分段断路器的充电（解列）保护	××断路器充电（解列）保护	1）两种状态：用上、停用。 2）操作举例：用上（或停用）××断路器充电（解列）保护（瞬时段、延时段）

（三）500kV 系统继电保护调度标准名称表

500kV 系统继电保护调度标准名称如表 5-1-5 所示。

表 5-1-5　　　　　　　　　500kV 系统继电保护调度标准名称表

序号	保护名称	调度标准名称	调度操作指令举例
1	500kV 母线差动保护	500kV 母线差动保护（500kV 第××套母线差动保护）	1）三种状态：跳闸、信号、停用。 2）操作举例：500KV（××母线）（第××套）母线差动保护从××（状态）改为××（状态）
2	方向高频保护（含后备距离、方向零序电流）	方向高频保护	1）四种状态：跳闸、无通道跳闸、信号、停用。 2）操作举例：××线方向高频从××（状态）改为××（状态）（备注：两侧同时改变状态；当线路拉停，线路断路器合环运行时，要求将方向高频保护改无通道跳闸或信号）
3	高频距离保护（含后备距离保护、零序方向电流保护）	高频距离保护（第一套高频距离保护，第二套高频距离保护）	1）四种状态：跳闸、无通道跳闸、信号、停用。 2）操作举例：××线（第××套）高频距离从××（状态）改为××（状态）
4	分相电流差动保护（含后备距离保护、零序方向电流保护）	分相电流差动保护（第一套分相电流差动保护，第二套分相电流差动保护）	1）四种状态：跳闸、无通道跳闸、信号、停用。 2）操作举例：第××线（××套）分相电流差动从××（状态）改为××（状态）（备注：两侧同时改变状态；当线路拉停，线路断路器合环运行时，要求将分相电流差动保护改信号）
5	后备距离仅针对单独配置的后备距离	后备距离保护（第一套后备距离保护，第二套后备距离保护）	1）三种状态：跳闸、信号、停用。 2）操作举例：××线（第××套）后备距离从××（状态）改为××（状态）；××线（第××套）后备距离××段时间从××改为××
6	零序方向电流保护	零序方向电流保护（第一套零序方向电流保护，第二套零序方向电流保护）	1）三种状态：跳闸、信号、停用。 2）操作举例：××线（第××套）后备距离从××（状态）改为××（状态）；××线（第××套）后备距离××段时间从××改为××

续表

序号	保护名称	调度标准名称	调度操作指令举例
7	远方跳闸保护	远方跳闸保护	1）三种状态：跳闸、信号、停用。 2）两种方式：两套独立远方跳闸；两套远方跳闸有公用回路。 3）操作举例：××线（第××套）远方跳闸从××（状态）改为××（状态）；用上（停用）××线远方跳闸××慢速通道（备注：两侧同时改变状态；当线路拉停，线路断路器合环运行时，要求将远方跳闸改信号）
8	单相重合闸保护	重合闸保护	1）两种状态：用上、停用。 2）操作举例：用上（停用）××线重合闸；用上（停用）××断路器重合闸
9	过电压保护	过电压保护（第一套过电压保护，第二套过电压保护）	1）三种状态：跳闸、信号、停用。 2）操作举例：××线（第××套）过电压保护从××（状态）改为××（状态）
10	断路器失灵保护	断路器失灵保护	1）三种状态：跳闸、信号、停用。 2）操作举例：××断路器失灵保护从××（状态）改为××（状态）
11	短线保护	××/××断路器间短线保护（调度别名：××线路、××主变压器短线保护）	1）三种状态：跳闸、信号、停用。 2）操作举例：××/××断路器间（第××套）短线保护从××（状态）改为××（状态）；××线（第××套）短线保护从××（状态）改为××（状态）；××主变压器（第××套）短线保护从××（状态）改为××（状态）

第二节 调度运行操作管理

一、调度管辖设备

（1）出线场设备、高压电缆、GIS（地下、地面）设备。

（2）主变压器及其调压分接头挡数。

（3）发电电动机、水泵水轮机。

（4）机组的稳定运行工况（发电、抽水、发电调相、抽水调相、停机）。

（5）机组发电工况的有功、无功出力，水泵工况无功出力（水泵工况时有功不可调整）。

（6）线路保护、桥引线保护、线路断路器重合闸、线路断路器失灵保护、故障录波器。

（7）对系统有影响的自动装置，以及与调度有关的通信和自动化设备。

二、调度运行操作原则

电气操作，应根据调管范围划分，实行分级管理。直调范围的设备，其电气操作由值班调度员通过"操作指令"及"操作许可"两种方式进行。"操作指令"分为"综合操作指令"和"单项或逐项操作指令"。"操作许可"是指值班调度员采用许可方式对直调范围的电气设备接线方式变更后的最终状态发布的倒闸操作命令，其具体的逐项操作步骤和内容以及安全措施，均由受令人自行按规程拟订。

值班调度员在下达命令时，双方必须遵守：

（1）双方互报单位、姓名。

（2）值班调度员下达命令后，接令人进行复诵，并与调度员核对无误。

（3）接令人接收到命令后应检查命令的正确性，检查是否符合现场设备实际情况，有疑问须立即向上级调度员反映。

（4）值班调度员发布下令时间后，接令人方可执行命令。

系统正常电气操作一般安排在系统低谷或潮流较小时进行，应尽可能避免在下列时间进行：

（1）值班人员在交接班时。

（2）系统接线极不正常时。

（3）系统高峰负荷时。

（4）雷雨、大风等恶劣气候时。

（5）有关联络线输送功率超过稳定限额时。

（6）系统发生故障时。

（7）电网有特殊要求时。

特殊情况下进行操作，必须有相应安全措施。

现场设备停役后，工作的安全措施由现场自行掌握，但在该设备复役前必须自行恢复至正常状态。

三、调度操作管理要求

（一）解、并列操作

系统并列前，原则上满足以下条件：

（1）相序、相位相同。

（2）频率偏差应在 0.1Hz 以内。特殊情况下，需频率偏差超出允许偏差进行并列时，需经专项核算允许偏差。

（3）并列点电压偏差在 5% 以内。特殊情况下，需电压偏差超出允许偏差进行并列时，需经专项核算允许偏差。

（4）系统并列操作必须使用同期装置。系统解列操作前，原则上应将解列点的有功功率调至零，无功功率调至最小，使解列后的两个系统频率、电压均在允许范围内。

（二）解、合环操作

（1）合环操作必须确保合环后各相关设备潮流及其变化不超过继电保护、系统稳定和设备容量等方面的限额。要求合环断路器两端电压相位一致，电压相角差最大不超过20°；电压差调至最小，正常操作时最大一般不超过10%，故障处理时最大不超过20%。

（2）解环操作，应先检查解环点的有功、无功潮流，确保解环后系统各部分电压在规定范围内，各相关设备潮流及其变化不超过继电保护、系统稳定和设备容量等方面的限额。

（三）断路器操作

（1）断路器可以拉、合负荷电流和各种设备的充电电流，以及额定遮断容量以内的故障电流。

（2）断路器改热备用前，必须检查继电保护已按规定投入。断路器合闸后，必须检查确认三相均已接通，断路器分闸后，必须检查确认三相均已断开。

（3）断路器操作时，若遥控失灵，按现场规定允许进行就地操作时，必须进行三相同时操作，不得进行分相操作。

（4）交流母线为3/2接线方式的设备送电时，一般应先合母线侧断路器，后合中间断路器。停电时一般应先拉开中间断路器，后拉开母线侧断路器。

（四）隔离开关操作

允许用隔离开关进行下列操作：

（1）系统无接地时拉、合电压互感器。

（2）无雷击时拉、合避雷器。

（3）拉、合220kV及以下母线的充电电流。

（4）拉、合断路器或隔离开关的旁路电流。

（5）拉、合500kV及以下3/2断路器接线方式的母线环流，要求在新设备启动前完成相关试验，不具备解环流条件的隔离开关由厂站运行值班单位和输变电设备运维单位报分中心备案。

（6）拉、合无接地故障的变压器中性点接地。

（7）拉、合充电（空载）低压电抗器。

上述设备如长期停用，未经现场同意，不得用隔离开关进行拉、合操作。在未经批准、试验的情况下，不得用500kV及以上隔离开关拉、合母线充电电流。

未经现场规程允许，不得使用1000kV隔离开关拉、合3/2接线方式的母线环流。

（五）母线操作

（1）进行倒母线操作应注意：

1）对母线差动保护的影响。

2）各组母线上电源与负荷分布合理，使母联断路器潮流不大于允许值。

3）避免在母线差动保护停用时进行母线侧隔离开关操作。

（2）双母线中停用一组母线时，要防止运行母线电压互感器倒充母线，而引起二次侧熔丝或小断路器断开，使继电保护失电压误动作。

（3）母线复役充电时，充电断路器必须有（反应各种故障的）速断保护；当充电母线故障跳闸时，应保持系统稳定。必要时先降低有关线路有功潮流。

（4）用变压器向母线充电时，变压器中性点必须接地。

（5）对 GIS 母线操作，一般情况同于常规母线操作，应保证 SF_6 的充气压力和密度在规定值以内。对 GIS 母线及相关设备有特殊操作要求时，应事先得到有关部门认可，具体操作方案须得到调度部门同意后方可执行。

（六）线路操作

（1）对空载线路充电的一般要求：

1）充电线路的断路器必须有完备的继电保护。

2）充电线路故障时，应速断切除，保证系统稳定，必要时可改变继电保护定值或降低有关线路的有功潮流。

3）用小电源向线路充电时，应核算继电保护的灵敏度，并应防止线路充电功率使发电机产生自励磁。

4）考虑线路充电功率对系统及线路末端电压的影响，防止线路末端设备过电压。

5）充电端必须有变压器中性点接地。

（2）架空线路停、送电操作应充分考虑线路充电功率对系统电压的影响，必须事先进行电压变化的估算，选择送电端要保证有足够的短路容量。

（3）在未经试验和批准情况下，不得对末端带有变压器的线路进行充电和拉停。

（4）线路进行零起升压时要保证系统各点的电压不超过最大允许值。

（5）线路停送电操作，如一侧为发电厂，一侧为变电站，一般在变电站侧停送电，发电厂侧解合环；如两侧均为变电站或发电厂，一般在短路容量大的一侧停送电，短路容量小的一侧解合环。

（七）发电机操作

（1）发电机在开机前、停机后应进行有关项目的检查。

（2）发电机应采取准同期并列。

（3）发电机正常解列前，应先将有功、无功功率降至最低，再拉开发电机出口断路器，切断励磁。

（八）变压器操作

（1）变压器并列运行的条件：

1）联结组标号相同。

2）电压比应相同，差值不得超过 ±0.5%。

3）阻抗电压值偏差小于 10%。

当上列条件不符合时，必须事先进行计算，在任何一台变压器都不会过负荷才可并列。

（2）变压器投入运行时，应先合上电源侧断路器，后合上负荷侧断路器。停用时操作顺序相反。

（3）对空载变压器充电时要求：

1）变压器必须有完备的继电保护，用小电源向变压器充电时，应该计算继电保护的灵敏度。

2）考虑变压器励磁涌流对继电保护的影响。

3）在充电变压器发生故障跳闸后，能保证系统稳定。

4）变压器充电时，应检查调整充电侧母线电压及变压器分接头位置，保证充电后各侧电压不超过规定值。

5）变压器可在带有低抗情况下，从高压侧或中压侧充电或拉停，但此时应充分考虑对所在母线电压的影响。

6）变压器充电或拉停时，各侧中性点应保持接地。

（九）核相

（1）新设备或检修后相位可能变动的设备投入运行时，应校验相序、相位相同后才能进行同期并列或合环操作。

（2）220kV及以上线路或变压器核相，一般在母线电压互感器二次侧进行。核相时应先验明电压互感器二次侧电压相位正确。

（十）零起升压

（1）对长线路或通过长线路对变压器进行零起升压的发电机，必须有足够的容量，并经计算确认不会发生自励磁，在加压时应先以最低电压开始，以防止发电机自励磁和设备过电压，保证零升系统各点电压不超过最大允许值。

（2）对变压器进行零起升压的发电机，应有足够的容量，在升压至额定电压时，发电机能满足变压器空载励磁电流。

（3）在中性点接地系统内，被升压的变压器中性点必须接地。

（4）零起升压的发电机的自动励磁调整装置均应停用。被升压的各种设备应具有完备的继电保护，线路重合闸应停用。

（5）双母线中的一组母线进行零起升压时，母线差动保护应采取措施，以防止母线差动作造成运行母线停电，母联断路器应改非自动或冷备用，防止断路器误合造成非同期。

四、典型操作

（一）某抽水蓄能电厂

1. 1（2）号电缆线及1、2（3、4）号主变压器停复

（1）查：1、2（或3、4）号机停机状态。

（2）500kV 分段 5012 断路器从运行改为热备用。

（3）桐苍线 5051（或桐岩线 5054）断路器从运行改为热备用。

（4）拉开 1（或 2）号电缆线 50526（或 50536）隔离开关。

（5）桐苍线 5051（或桐岩线 5054）断路器从热备用改为运行。

（6）500kV 分段 5012 断路器从热备用改为运行。

（7）许可：1、2（或 3、4）号主变压器改为冷备用（或检修）始 / 毕。

（8）许可：1（或 2）号电缆线改为检修始 / 毕。

某抽水蓄能电厂一次接线图如图 5-2-1 所示。

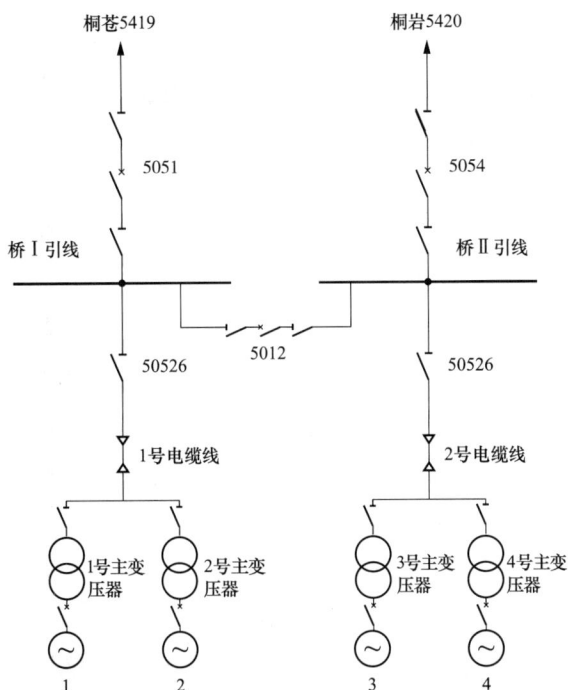

图 5-2-1 某抽水蓄能电厂一次接线图

2. 1（2）号电缆线及 1、2（3、4）号主变压器复

（1）1（或 2）号电缆线及 1、2（或 3、4）号主变压器工作毕。

（2）许可：1（或 2）号电缆线改为冷备用始 / 毕。

（3）许可：1、2（或 3、4）号主变压器改为运行始 / 毕。

（4）500kV 分段 5012 断路器从运行改为热备用。

（5）桐苍线 5051（或桐岩线 5054）断路器从运行改为热备用。

（6）合上 1（或 2）号电缆线 50526（或 50536）隔离开关。

（7）桐苍线 5051（或桐岩线 5054）断路器从热备用改为运行。

（8）500kV 分段 5012 断路器从热备用改为运行。

3. 桐苍 5419 线（或桐岩 5420 线）停

（1）桐柏：桐苍线 5051（或桐岩线 5054）断路器从运行改为热备用。

（2）苍岩：

1）桐苍线 5062 断路器（或 3 号主变压器 / 桐岩线 5052 断路器）从运行改为热备用。

2）桐苍线 5063 断路器（或桐岩线 5053 断路器）从运行改为热备用。

（3）苍岩：

1）桐苍线 5062 断路器（或 3 号主变压器 / 桐岩线 5052 断路器）从热备用改为冷备用。

2）桐苍线 5063 断路器（或桐岩线 5053 断路器）从热备用改为冷备用。

（4）桐柏：桐苍线 5051（或桐岩线 5054）断路器从热备用改为冷备用。

（5）桐柏：桐苍 5419 线（或桐岩 5420 线）从冷备用改为线路检修。

（6）苍岩：桐苍 5419 线（或桐岩 5420 线）从冷备用改为线路检修。

4. 桐苍 5419 线（或桐岩 5420 线）复

（1）华东地区网局调度中心（简称华东网调）：查：桐苍 5419 线（或桐岩 5420 线）具备复役条件。

（2）苍岩：桐苍 5419 线（或桐岩 5420 线）从线路检修改为冷备用。

（3）桐柏：桐苍 5419 线（或桐岩 5420 线）从线路检修改为冷备用。

（4）桐柏：桐苍线 5051（或桐岩线 5054）断路器从冷备用改为热备用。

（5）苍岩：

1）桐苍线 5063 断路器（或桐岩线 5053 断路器）从冷备用改为热备用。

2）桐苍线 5062 断路器（或 3 号主变压器 / 桐岩线 5052 断路器）从冷备用改为热备用。

（6）苍岩：

1）桐苍线 5063 断路器（或桐岩线 5053 断路器）从热备用改为运行。

2）桐苍线 5062 断路器（或 3 号主变压器 / 桐岩线 5052 断路器）从热备用改为运行。

（7）桐柏：桐苍线 5051（或桐岩线 5054）断路器从热备用改为运行。

5. 500kV 桥 I（或 II）引线停

（1）华东网调：查：桐苍 5419 线（或桐岩 5420 线）具备复役条件。

（2）苍岩：桐苍 5419 线（或桐岩 5420 线）从线路检修改为冷备用。

（3）桐柏：桐苍 5419 线（或桐岩 5420 线）从线路检修改为冷备用。

（4）桐柏：桐苍线 5051（或桐岩线 5054）断路器从冷备用改为热备用。

（5）苍岩：

1）桐苍线 5063 断路器（或桐岩线 5053 断路器）从冷备用改为热备用。

2）桐苍线 5062 断路器（或 3 号主变压器 / 桐岩线 5052 断路器）从冷备用改为热备用。

（6）苍岩：

1）桐苍线 5063 断路器（或桐岩线 5053 断路器）从热备用改为运行。

2）桐苍线 5062 断路器（或 3 号主变压器 / 桐岩线 5052 断路器）从热备用改为运行。

（7）桐柏：桐苍线 5051（或桐岩线 5054）断路器从热备用改为运行。

6. 500kV 桥Ⅰ（或Ⅱ）引线复

（1）桐柏：500kV 桥Ⅰ（或Ⅱ）引线××××工作毕。

（2）桐柏：

1）500kV 桥Ⅰ（或Ⅱ）引线从检修改为冷备用。

2）合上 1（或 2）号电缆线 50526（或 50536）隔离开关。

3）桐苍线 5051 断路器（或桐岩线 5054 断路器）从冷备用改为热备用。

4）500kV 分段 5012 断路器从冷备用改为热备用。

（3）苍岩：

1）桐苍线 5063 断路器（或桐岩线 5053 断路器）从热备用改为运行。

2）桐苍线 5062 断路器（或 3 号主变压器 / 桐岩线 5052 断路器）从热备用改为运行。

（4）桐柏：

1）桐苍线 5051 断路器（或桐岩线 5054 断路器）从热备用改为运行。

2）500kV 分段 5012 断路器从热备用改为运行。

（二）双母线接线

1. 热倒母线

XX 线 XX 断路器（YY 线 YY 断路器、ZZ 线 ZZ 断路器……）从 X 母线倒向 Y 母线。

2. 冷倒母线

（1）XX 线 XX 断路器从运行改为热备用。

（2）XX 线 XX 断路器从 X 母线热备用冷倒向 Y 母线热备用。

（3）XX 线 XX 断路器从热备用改为运行。

3. 双母线（含双分段）接线方式的母线停役

（1）XX 线 XX 断路器、N 号主变压器 5XX 断路器（220kV 线路断路器）从 X 母线倒向 Y 母线。

（2）500kV 分段 5XX 断路器（220kV X 号分段断路器）从运行改为冷备用。

（3）500kV 母联 5XX 断路器（220kV X 号母联断路器）从运行改为冷备用。

（4）500kV（220kV）X 母线从冷备用改为检修。

4. 双母线接线方式的母线复役

（1）500kV（或 220kV）X 母线 XX 工作毕。

（2）500kV（或 220kV）X 母线从检修改为冷备用。

（3）500kV 母联 5XX 断路器（220kV X 号母联断路器）从冷备用改为运行。

（4）500kV 分段 5XX 断路器（220kV X 号分段断路器）从冷备用改为运行。

（5）XX 线 XX 断路器、N 号主变压器 5XX 断路器（220kV 线路断路器）从 Y 母线倒向 X 母线。

（三）操作票编写注意事项

（1）操作票编写应严格遵循"五防"要求，不得带负荷拉、合隔离断路器（隔离开关），不得带电合接地开关，不得带接地开关送电。

（2）应通过操作断路器切断电气回路上的电流。

（3）电气设备上的隔离，应保证电气设备各侧有明显的断开点，一般以隔离断路器（隔离开关）作为隔离点。

（4）部分电厂电缆线上未装设断路器，仅以电缆线隔离开关作为电缆与母线的隔离点，在电缆线的停、送电操作中，应先拉开各送电至电缆线的断路器，保证电缆线隔离开关在无电流流通情况进行分合闸。

（5）双母线进行相互切换操作，将一条支路由一组母线切换至另一组母线上，实现的方式有两种，一种是冷倒，一种是热倒。冷倒是进线断路器在分位，两组隔离开关通过先拉后合的方式进行。热倒是在母联断路器合位的条件下，利用等电位操作原则，先合后分，确保在不停电的情况下实现母线的切换。

（6）在热倒母线的过程中，要注意三点：

1）母联断路器在合位，并拉开母联断路器的控制电源，只有母联断路器在合位，才能保证用隔离开关的是母线环流，而不是负载电流。

2）操作前应投入母线差动保护的互联压板，确保在故障时能够瞬时切除两条母线，压板投入应在拉开控制电源之前。

3）热倒结束以后，要先合上控制电源，再选择断开互联压板，最后拉开母联断路器。

第三节　调度故障处置管理

一、故障处置一般原则

（1）调度员是领导处置电力系统故障的指挥者，应对领导故障处置的正确和迅速负责。在处置故障时应做到：

1）尽速限制故障的发展，消除故障的根源并解除对人身和设备的威胁。

2）调整系统的运行方式，使其恢复正常。

3）用一切可能的方法保持对用户的正常供电。

4）尽速对已停电的用户恢复供电，对重要用户应优先恢复供电。

（2）事故汇报要求（以华东电网为例）：

1）一次设备发生故障或异常时，5min 之内向上级调度汇报：故障发生时间、发生故障的具体设备及其故障后的状态、相关设备潮流变化情况、现场天气情况。

2）二次设备（包括继电保护、安全控制装置及相关通道）异常或告警时，5min 之内向上级调度汇报：发生异常或告警的二次设备（根据设备正式调度命名汇报）、发生告警二次设备告警信号是否复归。

3）一次设备发生故障或异常时，15min 之内向上级调度汇报：① 二次设备的动作详细情况，包括主保护、后备保护动作情况，故障录波器是否启动，故障相位，线路故障测距，二次设备的复归情况等；② 一次设备现场外观检查情况，现场是否有人工作，站用电、厂用电安全是否受到威胁。

（3）下列各项操作厂站运行值班人员及输变电设备运维人员可不待调度指令而自行进行，事后应及时汇报：

1）将直接对人员生命有威胁的设备停电。

2）确知无来电的可能性时，将已损坏的设备隔离。

3）运行中的设备有受损伤的威胁时，根据现场规程的规定，将该设备停用或隔离。

4）当母线失电时，将母线上的各路电源断路器拉开（除指定保留断路器外）。

5）当厂用电部分或全部失电时，恢复其电源。

6）其他在现场规程中规定的可以不待华东分中心调度指令而自行进行的（如低频或低压解列厂用电、低频或低压紧急拉电等）。

（4）故障处置时，各级运行人员必须严格执行发令、复诵、记录和汇报制度。必须使用统一的调度术语和操作术语。指令内容应正确无误，汇报内容应简明扼要。

（5）故障发生在交接班期间，应由交班者负责故障处置，直到故障处置完毕或故障处置告一段落，方可交接班。接班人员可应交班者请求协助故障处置。交接班完毕后，交班人员可应接班者的请求协助故障处置。

二、系统线路故障的处置原则

（1）线路故障时厂站运行值班人员应立即将故障发生的时间、设备名称及其状态等概况向相应调度控制机构值班调度员汇报，经检查后再详细汇报相关内容：

1）一、二次设备故障后的状态。

2）继电保护和安全自动装置动作情况及初步分析。

3）现场处理意见和将采取的措施。

（2）线路故障跳闸后（包括故障跳闸、重合闸不成功），一般允许强送一次。如强送不成，系统有条件时，可以采用零起升压方式，若无条件零起升压且系统又需要，经请示有关领导后允许再强送一次。

三、系统发电机故障的处置原则

（1）发电机工况转换失败、跳闸、发电机转子回路一点接地、定子回路一相接地或其他异常情况均按各运行单位的现场规程进行处置，同时应向相关调度值班员汇报。

（2）以机组差动保护动作时处置为例：

1）机组有冲击声，机组跳闸，事故停机，灭磁，消防启动。

2）汇报调度保护动作情况，并赴现场检查发电电动机风洞内有无焦味、冒烟、着火现象，若发现火情，立即按发电电动机着火处理，监视机组停机稳态后，向网调申请机组进行临时检修，做好相应隔离安全措施，检查差动保护范围内的一、二次设备。

3）若未发现明显故障，则测量保护范围内一、二次设备绝缘电阻值，转子绝缘电阻值，以及现场读取机组在线监测的局放值，并且读取分析机组故障录波器的数据。

4）事故处理及检查处理通过后，可以对机组进行零起升压，升压正常则可恢复机组系统备用。若升压过程中有异常，应立即停机并进一步进行事故原因检查。

四、系统变压器及电压互感器故障的处置原则

（1）变压器的主保护（包括重瓦斯保护、差动保护）同时动作跳闸，未经查明原因和消除故障之前，不得进行强送。

（2）变压器的瓦斯保护或差动保护之一动作跳闸，在检查变压器外部无明显故障时，检查瓦斯气体，以及进行油中溶解气体色谱分析，证明变压器内部无明显故障者，可以试送一次，有条件时，应尽量进行零起升压。

（3）若变压器压力释放保护动作跳闸，在排除误动的可能性后，检查外部无明显故障，进行油中溶解气体色谱分析，证明变压器内部无明显故障者，在系统急需时可以试送一次。

（4）变压器后备保护动作跳闸，确定本体及引线无故障后，一般可对变压器试送一次。

（5）变压器过负荷及其他异常情况，应汇报调度，同时按现场规程进行处置。当因设备异常，出现同一变电站500kV变压器中性点接地方式不一致时，值班监控员、变电站运行值班人员必须立即汇报值班调度员。值班调度员根据有关规定将设备有异常的500kV主变压器停役或安排特殊运行方式。

五、母线故障的处置原则

当母线发生故障停电后，值班监控员、厂站运行值班人员及输变电设备运维人员应立即报告有关调度，并可以自行将故障母线上的断路器全部拉开，再汇报有关调度。

当母线故障，停电后厂站运行值班人员应对停电的母线进行外部检查，并把检查情况报告给值班调度员，调度员应按下述原则进行处置：

（1）找到故障点并能迅速隔离的，在隔离故障后对停电母线恢复送电。

（2）找到故障点但不能很快隔离的，当双母线中的一组母线故障时，应对故障母线上的各元件进行检查，确保无故障后，冷倒至运行母线并恢复送电，联络线要防止非同期合闸。

（3）经过检查不能找到故障点时，用外来电源对故障母线进行试送。对于发电厂母线故障，如电源允许，可对故障母线进行零起升压。

（4）当必须用本厂电源试送时，试送断路器必须完好，并有完备的继电保护，母线差动或主变压器后备保护应有足够灵敏度，必要时可缩短主变压器后备保护时间，以保证灵敏度和快速性。

六、系统断路器及隔离开关异常的处置原则

（1）断路器非全相运行的处置原则：断路器非全相运行时，值班监控员、厂站运行值班人员及输变电设备运维人员应立即拉开该断路器，并立即汇报值班调度员。

（2）断路器分合闸闭锁时，应尽快将闭锁断路器隔离，同时按以下处置原则：

1）220kV 及以上线路或主变压器断路器发生分合闸闭锁时，应采用旁路断路器代或切断与该断路器有联系的所有电源，然后拉开该断路器两侧隔离开关，隔离此断路器。

2）接线方式为 3/2 接线的 500kV 系统断路器发生分合闸闭锁时，当此时站内完整运行串数在三串及以上，该断路器所在运行串为完整运行串时，可采用两侧隔离开关（隔离开关具备解母线环流条件）将该断路器隔离；若该断路器所在运行串不是完整运行串，则采取切断与该断路器有联系的所有电源的方法来隔离此断路器。

（3）运行中的隔离开关发生下列情况之一应立即向上级调度员汇报：

1）隔离开关支持或传动绝缘子损伤或放电。

2）隔离开关动静触头或连接头发热或金具损坏。

3）隔离开关在操作过程中发生拉不开或合不到位。

4）操作连杆断裂，支持绝缘子断裂。

运行中的隔离开关发生以上的严重故障且无法处理时，应设法将隔离开关停电处理。

七、直流接地的处置原则

直流系统发生接地可能造成保护的误动或拒动，应尽快消除，恢复正常。

直流系统接地后厂站运行值班人员应及时汇报调度。

厂站查找直流接地应按现场有关规定执行。在查找到具体直流接地点后，应及时向调度汇报，并申请停用相关保护、安全控制装置。

八、失去通信联系时的处理

有调频任务的发电厂，仍负责调频工作。没有调频任务的发电厂均按照调度规程中的有关规定协助调频。发电厂应按照规定的电压曲线进行调整电压。

发电厂的出力安排，按照最近执行的计划出力曲线重复使用。一切预先批准计划检修项目，此时都应停止执行。厂内如有备用容量，应根据系统频率、电压等情况由发电厂掌握使用。

发电厂的主接线，应尽可能保持不变。

正在进行检修的设备，若在通信中断期间工作结束，则转入备用，暂不恢复。

凡涉及电网安全问题或时间性没有特殊要求的调度业务，失去通信联系后，在与值班调度员联系前不得自行处理；紧急情况下按厂站规程规定处理。

第四节 调 度 计 划 管 理

一、发电计划管理

各直代管电厂应于每年 11 月 1 日前将其下一年度分月发电计划、停电计划上报上级调度。

各直代管电厂在每月月底前向上级调度报送下下月机炉停电计划、流域来水预测、水库运作计划、发电厂计划发电量、抽水蓄能电厂计划抽水电量、计划出力、可调出力、可调电量、日最高计划出力等。

日电能计划原则上根据月度典型曲线和周电能计划，按照国调中心下达的跨区调度计划曲线，考虑电网运行变化情况和发电厂机组发电能力，编制直代管电厂 96 点电力计划。

上级调度有权随时修改电厂运行计划，但应运行在电厂允许范围内，各电厂应提前编制水库电量运行模型，以满足调度电量需求。

发电抽水计划曲线一般以 96 点（或 288 点）为单元组成，96 点计划曲线最小单元为 15min，每个单元发电或抽水点数为

$$S = \frac{4W}{P} \tag{5-4-1}$$

式中：S 为点数，个；W 为电量，万 kWh；P 为功率，万 kW。

二、设备停电计划管理

（一）计划管理基本原则

（1）检修管理需依据有关规程、制度，以提高设备健康水平和管理水平为最终目的，坚持计划严肃性，提升电网安全、经济运行水平。

（2）年度、月度、日前设备停电计划按照安全运行、供需平衡和最大限度消纳清洁能源的原则统筹编制，以期最大限度减少重复停电，杜绝严重削弱电网运行结构的重叠停电。

（3）输变电设备停电计划应遵循发输电配合、一二次配合、上下级电网协调的原则，并尽可能缩短停电时间、缩小停电范围。

（4）许可设备的停电计划须经上级调度控制机构批准后才可纳入本级年度、月度、日前停电计划。

（二）年度停电计划的编制和实施

（1）发电设备年度停电计划编制：每年9月底前，各电厂完成下一年度发电设备停电计划编制工作，上报调度。调度将组织相关单位统一平衡后，于12月底前正式行文下达。

（2）输变电设备年度停电计划编制：每年9月底前，各发电厂完成下一年度输变电设备停电计划编制工作，报上级调度。上级调度将组织相关单位统一预平衡后下发计划。

（3）年度停电计划下达后，原则上不得调整。如确需调整，须提前向调度申请履行计划变更审批手续。

（4）年度停电计划应统筹考虑电网基建工程、设备技术改造、基础设施工程等因素，以及各工程重要性进行安排。

（5）年度计划批准的检修工期，无充足的理由不得延长，如要求延长检修工期或在检修过程中因发生重大缺陷等问题而要求增加检修工期者，应按照设备停复役计划延期流程或紧急消缺流程履行申请手续。

（三）月度停电计划的编制和实施

（1）月度停电计划应以年度停电计划为依据、刚性管理，未列入年度停电计划的项目原则上不纳入月度计划安排。对于年内临时新增、工期调整的重点工程、重大专项治理等项目，相关电厂需提供变更原因、必要性说明、风险分析、防控措施等正式书面材料，并通过调度控制机构安全校核后方可列入月度计划安排，无充足理由的不得安排。

（2）月度停电计划须按照本月电网运行情况进行滚动风险分析，对可能引发一般及以上故障的停电项目，须按照规定启动风险防控流程，提出安全措施并组织落实，并向相应监管机构备案。

（3）各电厂应于每月（M月）1日编制完成下月（$M+1$月）月度停电计划，申报内容须包括具体日期、工期、工作内容、停电范围、复役要求等，上级调度将于M月底前下达月度停电计划。

（四）日前停电计划的编制和实施

（1）日停电计划依据月度、周停电计划，结合设备停电临时需求编制。

（2）日前停电计划须遵循$D-3$日以上申报原则。发输变电设备停复役时，在一般情况下，各电厂于检修前3个工作日12：00前向调度提出申请，在$D-1$日的17：00前通过检修一体化系统签收停复役申请单，上级调度在检修前1个工作日18：00前批复，批复以值班调度员的电话通知为准。

（3）计划检修因故不能按批准的时间开工，应在设备预计停运前6h报告值班调度员。计划检修如不能如期完工，必须在原批准计划工期过半前向调度控制机构申请办理延期手续。

（4）日前停电计划编写。

第五节 电网服务管理

一、电网服务管理

使用负荷曲线电站，电网服务指的是上级调度临时下令要求电厂执行96点计划曲线外的任务，诸如调整机组工况、调节机组有功和无功、增减机组运行台数；无负荷曲线的电站，电网服务是指为保证可靠供电，机组进行发电调相、抽水调相运行作为旋转备用，或低谷时段或平时段发电或低于30min的短时发电运行。

发生电网服务时，应通过运行值班的机组启停记录模块填写相关电网服务内容，其中发令人应填写下令的调度值班员姓名，"是否计划外？"选择"√"，"是否服务电网典型事件？"选择"√"，根据下令调度机构和电网服务类型进行填写相关信息，根据服务时间填写开始和结束时间，根据实际情况填写备注信息。

备注信息填写：电网服务背景，如电网频率偏低/风电大发/风光叠加/××直流发生双极闭锁等；事件主要经过——机组启动情况、出力情况、服务的主要情况等，如根据调度要求，增开2台机组发电，××时××分1号机发电并网，××时××分3号机发电并网，均带满出力运行，××时××分3号机发电解列，××时××分1号机发电解列。

电网服务的机组启停记录填写完成后，服务电网模块将会自动生成一条服务电网的运行记事，该运行记事内容为填写的启停记录，包含下令的调度机构、服务电网类别和开始结束时间。

二、电网服务类型

（一）调频调峰

为确保电网频率质量或应对峰谷变化临时启停机组或投退成组或AGC功能。

1. 调频（含自动发电控制AGC）

（1）需调度发令投入的电站，若调度发令投用AGC。

（2）负荷曲线临时减点、减少开机台次（含延后开机或提前停机）或降出力运行。

（3）负荷曲线电站，电网频率明显异常时调度发令启停机组。

（4）调频电厂的机组调度直接发令参与频率控制。

注：默认投入AGC或使用成组控制的电站，正常投入无须记录，若调度特别要求退出AGC或成组功能满发（或保持某一出力），则归为顶出力。

2. 顶出力

（1）使用负荷曲线的电站：计划曲线外紧急开发电机组或临时增加发电点数。

（2）无负荷曲线的电站：低谷时段或平时段发电或低于30min的短时发电运行。

3. 启用事故备用库容

（1）发电运行过程中使用事故备用库容。

（2）正常消落水位下启机组发电。

注： 若调度明确发电启动或抽水停机时系统存在故障，则归为"紧急事故支撑"。

（二）调相调压

为保证母线（考核点）电压合格，机组启动调相运行或运行机组变换无功调节电压。

（1）自动电压控制（AVC）：需调度发令投入的电站，调度发令投用则进行记录，若默认投入则无须记录。

（2）调相运行调压：启动机组调相运行调节考核点电压。

（3）无功调节：

1）运行机组滞相功率因数小于 0.85 或进相功率因数小于 0.98。

2）调度发令要求运行机组调节无功。

（三）紧急事故支撑

电网发生故障时（如其他电源甩负荷或区外来电异常）紧急启动机组发电或停抽水机组为电网提供支撑。

（1）调度发令（或紧急支援系统）紧急启机组发电。

（2）紧急停抽水机组。

（四）清洁能源消纳

指机组抽水运行配合电网消纳风光等新能源及外部水电能源。

（1）负荷曲线外新增抽水点。

（2）高峰时段或腰荷期间抽水。

（3）低于 30min 的短时抽水运行。

（五）旋转备用

为保证可靠供电，根据调度指令并网，并预留短时调用容量的服务；也指抽水蓄能机组抽水调相预备转抽水而实际未转换，或转抽水前运行时间超过 30min。

（1）发电方向旋转备用：发电（调相）旋转备用。

（2）抽水方向旋转备用：

1）抽水调相旋转备用（未转抽水）。

2）抽水调相旋转备用（转抽水前运行时间大于 30min）。

（六）一次调频

指当电力系统频率偏离目标频率时，发电机组通过调速系统的自动反应，调整有功出力、减少频率偏差所提供的服务。

（七）黑启动

指电力系统大面积停电后，在无外界电源支持的情况下，由具备自启动能力的发电机组所提供的恢复系统供电服务。

（八）安全自动装置动作切机

站内电力系统安全自动装置（频率协控系统、低频切泵、切发电机组）动作停机组。

（1）安控装置（频率协控系统或低频切泵）动作切除抽水机组。

（2）安控装置动作切除发电机组。

（九）重大工程调试

配合相关电源调试或电网相关试验所进行的机组调用。

（十）其他

所有上述类别未包含的服务电网事件均归为该类型，后续进行汇总，若某一类型较多可再分类扩展。

思　考　题

1. 调度令的形式有哪几种？请简要描述。

2. 发生电网事故或异常的特殊情况下，调度会以哪种形式发令进行操作？

3. 调度令执行的注意事项有哪些？

4. 调度管辖的设备有哪些？请简要描述。

5. 电气操作的方式有哪两种？请简要描述。

6. 系统并列前应满足哪些条件？

7. 调度故障的一般处置原则是什么？

8. 事故汇报的要求有哪些？请详细描述。

9. 线路故障出现跳闸后，可强送几次？

10. 调度计划由哪两部分组成？

11. 日前发电计划的申报主要注意什么？

12. 日前停电计划应遵循什么时间原则进行申报？

13. 描述什么是电网服务？

14. 电网服务的填写要求是什么？

15. 常见的电网服务类型有哪些？

16. 日前检修计划的申报—批复—签收核对的流程是怎样的？

17. 电量填报的内容有哪些？

18. 发电企业辅助服务及并网运行管理考核内容有哪些？

第六章　值守监盘及操作

本章概述

随着信息化技术的不断发展，现代大型抽水蓄能电站基本上将所有信号仪表的数据都接入到了监控系统，值守人员通过中央控制室的操作员工作站显示画面对生产过程进行监视和控制，处理生产过程中的各种数据，是整个厂站运行的中枢，值守工作就是保障安全生产的第一道防线。本章包含值守监盘和值守操作两部分内容。

学习目标

	学习目标
知识目标	1. 掌握机组顺控流程、运行规程与图纸，掌握全厂设备运行限制内容。 2. 熟悉现场设备，具有较强的现场操作、事故处置经验，系统概念较强。 3. 了解常见故障，能够及时发现设备运行中的问题。 4. 熟悉运维管理标准，熟悉生产管理系统及记录填写要求。
技能目标	1. 能通过上位机信号及时分析判断设备运行状态是否正常，发现异常报警及跳闸信号时，知道如何进行应急处置并分析原因。 2. 能操作上位机下令开、停机及各工况转换。 3. 能操作 AGC 和 AVC 的功能投退，能进行有功 / 无功调节。

第一节　值　守　监　盘

一、总体要求

值守人员应熟悉并掌握国家、地方、行业、国家电网有限公司、国网新源集团有限公司相关的法律法规、管理标准；按规定接受教育、培训，经考试合格、取得中级运维或以上资格，并取得调度系统运行值班合格证书后方能上岗，值守人员资质名单应每年进行发布。

值守人员需具备扎实的专业技术功底，熟练掌握日常办公软件，熟悉相关系统模块的使用及日常工作管理流程。值守人员的工作记录应真实、准确、及时，记录内容应规范、完整，应使用专业术语。对离开值守岗三个月以上轮换人员，应组织业务学习后方可上岗。对离开值守岗一年以上人员应经值守业务重新培训合格后具备值守资质方可独立值守。

当班值守人员对值长负责，在其指挥下开展值守业务，值长是现场安全生产第一负责人，负责总体协调值守业务。

二、值守监盘主要工作和注意事项

1. 值守监盘主要工作

（1）执行机组启停操作及负荷调整。

（2）执行监控、工业电视、实时系统等定时巡检。

（3）开展运行记录填报、发电计划报送等日常工作。

（4）从事调度联系，接收并执行调度指令。

（5）开展第一时间的事故处理与汇报。

（6）及时、全面掌握全厂设备运行状况。

2. 值守监盘注意事项

（1）值守人员应保证电站设备运行参数在允许的范围之内，当参数超过限额或出现报警时，应及时分析，并按照运检规程进行调整。监盘内容主要包括工况转换条件、成组控制、电流、电压、功率、频率、温度、振动、油位、压力、摆度、报警、水库库容、水位等。值班期间密切监视系统频率、电压、机组预启动条件、机组启停及工况转换全过程等，确保机组启动条件和上下库水位变幅满足要求，应定时查看各监控画面状况，机组运行期间，重点关注主接线、主变压器及机组各部位等画面信息。

（2）机组工况转换过程，值守人员应密切监视顺控流程步序执行情况，机组运行期间要加强温度、摆度、振动、水库水位、水头、负荷偏差等监视，做好功率偏差、母线电压调整，值守人员应充分理解监控画面各信号及参数的含义，关注各类数据的趋势，及早发现并处理报警和异常情况，监盘时应做到勤监视、勤汇报、勤记录。

（3）值守人员应熟记各类保护装置定值，监盘时保证电站设备运行参数在允许的范围之内，当参数超过规定的限额或出现报警时，应及时分析，如确认对机组运行有影响，应及时按照现场相关规程要求处理，必要时汇报值长，根据值长指令进行操作，处置完毕立即汇报值长，如需要停机或改变出力时还应得到上级调度的许可。

（4）值守人员当班期间，应关注缺陷的设备和现场工作，做好工业电视系统、生产实时系统巡屏检查，关注天气状况，应加强监视受天气变化影响的设备参数变化。要根据运行方式、天气情况、现场工作等进行针对性危险点风险辨识预控，做好事故预想，做到应对措施心中有数。

（5）发生事故或异常情况时，监盘人员应记清各主要运行参数的变化、系统运行方式变化情况、断路器变位情况、保护动作情况、主要报警等，并立即向值长汇报，涉及上级调度管辖设备还应按照要求及时向调度汇报，同时根据要求调整运行机组的负荷及相应的运行方式，确保系统的正常运行。

（6）值守人员如因故暂时离开，应找能够胜任的人员临时代替，双方进行交接后值守人员方可离开，原值守人员回来后也应履行相同的交接手续。值守人员交接班时，原、现监盘人员应对监盘期间存在的问题、注意事项等进行交接，双方均无疑问后方可交接，机组开停机期间不得交接。

（7）值守人员应考虑电站抽水蓄能机组双向旋转、工况频繁转换等运行特点，对《抽水蓄能电站调度运行导则》中提及的以下技术特性和运行要求，与调度做好沟通。

1）机组在抽水启动过渡阶段，不宜在调相工况长时间运行。

2）不宜直接在发电工况和抽水工况间转换运行。

3）不宜采用机组空载运行作为发电旋转备用。

4）不宜采用机组发电调相运行作为发电旋转备用。

5）不宜长时间单独调相工况运行。

6）不宜长时间在机组非稳定区运行。

三、顺控流程及注意事项

1. 顺控流程

以近年来新投产电站使用较多的监控系统为例，抽水蓄能电站正常开停机工况转换流程结构见图 6-1-1，工况转换子流程可以组合成抽水蓄能常用的发电、抽水、调相，以及不常用的黑启动、线路充电等工况转换流程。

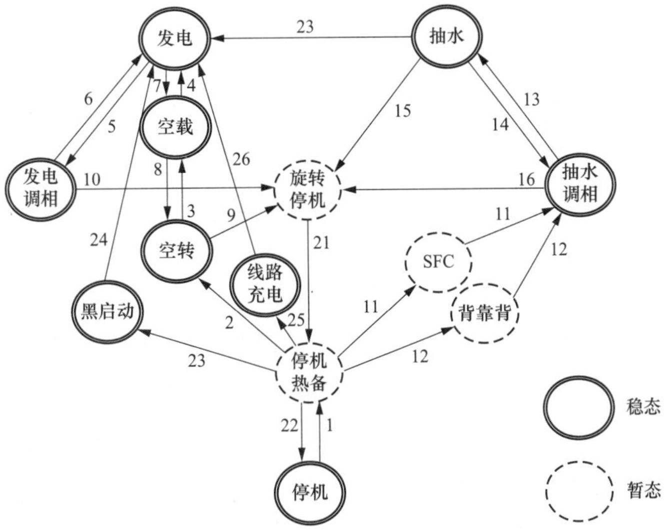

图 6-1-1　抽水蓄能电站工况转换流程结构

（1）正常发电流程为停机→停机热备→空转→空载→发电；正常发电停机流程为发电→空载→空转→旋转停机→停机热备→停机。

（2）正常抽水流程为停机→抽水调相、抽水调相→抽水两个工况转换流程，因抽水调相是稳态工况，故日常抽水开机时抽水调相→抽水流程由值守人员确认后再发令。

（3）抽水调相工况须在转轮无水的情况下实现机组由零转速→低转速→同期转速→并网过程，转速提升一般采用 SFC 拖动或背靠背拖动的方式来实现，背靠背启动作为 SFC 拖动的备用方式，部分电站配有两套 SFC 冗余配置，有较高的可靠性，故可不设背靠背拖动流程。

（4）黑启动是指电网局部瓦解、机组在无外界帮助的情况下，停运后能快速恢复发电，并通过输电线路给其他机组提供厂用电，使其他机组恢复发电运行，最终恢复整个系统。黑启动时一般利用柴油发电机提供机组辅助系统用电，蓄电池作为机组励磁电源，使机组具备启动条件。

（5）线路充电，指机组带变压器、线路以零起升压方式给主变压器、线路充电的一种运行方式，一般在配合电网试验时使用。

（6）事故停机是指在设备启动或者正常运行过程中，设备故障导致部分参数超过设备运行的定值，为了保护设备、避免故障扩大而设置的紧急停机流程。

2. 注意事项

（1）合理安排运行方式，确保出线全接线运行、厂用电正常分段运行、设备全保护运行，适时调整机组启停优先级，确保备用机组运行时间均衡。

（2）投成组厂站查看成组控制是否总投入、控制方式是否在自动模式、是否有频率闭锁发电或抽水信号。未投成组厂站检查机组启动条是否正常，确保启动机组正常可用，无影响开机的相关工作，避免开错待检修机组。

（3）机组启动前值守人员需检查机组各参数是否正常、有无闭锁启动的信号、机组是否具备转换到目标工况的预条件。机组启动时注意目标工况是否正确，投成组厂站核对来令是否正确、机组成组信号是否正常，若有流程故障情况点击成组控制复位按钮进行复位处理。

（4）机组启动过程中需要关注技术供水系统、调速器油系统、球阀油系统、高压注油泵等启动情况、换相隔离开关合于正确工况、机械制动退出、球阀导叶开启、励磁启动、同期并网情况。机组并网后关注负荷、振摆以及各系统变化情况。抽水方向在启动过程还需关注调相压水过程及尾水水位、迷宫环（止漏环）冷却水情况。

（5）机组停机过程需要关注负荷下降情况、机组断路器分闸情况、励磁退出、高压注油泵启动情况、转速下降电气制动和机械制动投入情况、各辅助系统停机情况。检查机组是否到停机稳态、是否组满足工况转换预条件。

第二节　值　守　操　作

一、总体要求

远方操作可以避免现地操作时设备故障造成的人身伤害，故一般高压设备操作、有一定危险的设备试验均优先采用远方操作。

正常情况下进行远方操作时现地应有人进行配合，核对设备的实际位置，远方操作应有人监护，设备倒闸操作应执行操作票，按照发令、复诵、记录、录音、汇报等要求执行。异常情况下值守人员应立即查找故障原因，应按照现场规程、值长和调度要求进行应急处置，应急处置需要及时控制故障范围，避免事故扩大。

值守人员应熟练掌握上位机操作，不得随意对设备执行发令操作，避免因操作错误导致设备运行异常或跳闸。操作前，首先调用有关被控对象的画面，选择被控对象，在确认选择无误后，方可执行有关操作。

在进行调整操作时，要看清计算机监控显示屏上按键的内容和所处状态，严防出错。调整操作要掌握设备的调节特性，注意相关运行参数的变化。每次调整，待相对稳定后，方可认为这一调整结束。

尽可能避免操作的情况：交接班、接线极不正常、系统高峰负荷、恶劣天气、有关联络线超稳定限额、系统事故、电网特殊要求。

二、值守操作范围

（1）具备远方操作条件的断路器、隔离开关，可由值守进行远方操作。

（2）具备远方操作条件的设备，可由值守进行远方操作。

（3）机组启停、负荷调整、进相运行、负荷转移等机组操作调整，由值守根据负荷计划或上级调度要求执行操作。

（4）中控室一般会设置紧急按钮，分别动作于机组跳闸、落机组前后事故闸门等，可在发生水淹厂房等紧急情况下由值守手动按下。

（5）设备恢复正常后上位机复归报警可由值守人员执行。

三、值守操作注意事项

（1）远方操作断路器、隔离开关，应确认控制方式在远方，点击相应按钮进行拉合操作，查看设备的反馈状态是否与发令结果一致。

（2）公用系统远方操作，应先确认设备控制自动方式在远方，然后点击启动或停止按钮，启停完成后，监视设备恢复正常备用。

（3）转移负荷。当遇到机组故障紧急情况需要转移负荷时，首先电话联系网调汇报情况申请转移负荷，调度同意后启动备用机组，待备用机组并网后再将故障机组停机，及时设置负荷保证全厂负荷满足调度要求。

（4）背靠背（B2B）启动。在被拖动机组画面将 SFC 启动改为 B2B 启动，同时选择对应拖动机组，向被拖动机组目标状态进行发令，监视两台机组的运行情况，被拖动机并网后拖动机正常转停机，监视拖动机停机流程正常。

（5）由成组控制的电站自动控制模式可以是电站现地控制，也允许交由调度远方控制。当控制权在电站侧，值班员可通过手动设置全厂负荷（ALSP）或按调度下发的 96 点日负荷计划曲线（DLC），由成组控制自动调节控制，满足全厂总出力目标。

（6）AGC（成组）、AVC 退出运行时，值守人员应根据调度令调整有功功率、无功功率（电压），当已达到设备规定的设备最大、最小容量，而无法保证频率、电压在正常范围内时，应及时汇报调度。

（7）中控室紧急按钮，当出现紧急事故而监控与现地无法操作时，可使用全厂紧急按钮，使用前需征得值长同意方可使用。

（8）中控室值班员关注线路母线电压，确保不越限，发现电压异常立即向上级调度汇报，根据调度要求选择机组进相运行。机组需要进相运行按调度要求退成组运行，优先采用 SCP 工况，值班员手动增加吸收无功值，速度要缓慢，切忌快速大幅度调节，每次调节后，检查机组母线电压正常。发电电动机进相试验时机端电压下降明显，进相运行时应监视机端电压和厂用电电压的下降，不得低于电厂规定最低值；发电机进相运行时，监盘人员应严密监视，使其各参数在允许范围内运行。要认真监视发电机进、出口风温，严密监视发电机定子铁芯的温度，防止发电机过热的发生。要保证发电机定子铁芯、绕组允许最高温度不超过报警值，发电机定子电压不低于额定值的 95%，发电机定子电流不超过额定值。

（9）上位机复归报警。监控中出现黄框报警，值守人员需在上位机对报警信号进行复归。报警复归后需检查设备状态正常，无闭锁设备启动的信号。

（10）厂用电配电盘倒换后，需关注所带下级负荷供电正常，复归相关报警；出现异常情况需通知现场人员现地检查处理。

思 考 题

1. 抽水蓄能电站各工况对电网有什么作用？在运行过程中需要注意什么事项？

2. 值守操作和现地操作有什么区别？值守操作有利有弊，利弊各是什么？

第七章 异常及事故应急处置

本章概述

抽水蓄能电站机组包含多个系统，当各系统设备设施在运行过程中出现异常或故障时，第一时间采取有效的应急处置措施可以避免故障扩大和事故发生，减少设备损伤，提高机组可用系数。本章主要包含一次设备异常应急处置、机组异常应急处置、二次设备异常应急处置三部分内容。

学习目标

	学习目标
知识目标	1. 能阐述设备异常应急处置的原则。 2. 能简述一次设备典型的异常应急处置流程。 3. 能简述机组电气和机械方面典型的异常应急处置流程。 4. 能简述二次设备典型的异常应急处置流程。 5. 能简述异常及事故的汇报流程。
技能目标	1. 能运用监控系统画面、现场检查、工业电视查看等手段发现设备异常故障，并进行初步原因分析。 2. 能按照设备异常应急处置原则和流程，迅速准确完成异常应急处置。

设备异常应急处置应按调度规程、电站设备运检规程、应急预案等有关规定，正确、迅速地处理异常情况和故障。

值守人员负责第一时间的异常应急处置，完成相关任务并及时通知值长进行后续处理。对于严重及以上缺陷，值长应汇报部门负责人（或值班主任）和分管领导，并组织制订缺陷处理计划、落实责任人。应第一时间采取有效的应急处置措施，避免故障扩大和事故发生；确保运行系统的设备继续安全运行；调整运行方式，尽可能恢复设备正常运行方式。

异常及故障处理期间，值守人员应根据实际情况向调度及分管领导等汇报异常及故障情况。当异常及故障情况符合启动应急处置方案或应急预案条件时，应按照应急程序的要求进行操作。

在异常及故障处置过程中，应当严格执行相关流程，把握好"快报事项、慎报原因"的汇报原则进行汇报。

第一节 一次设备异常应急处置

一、主变压器异常应急处置

1. 基本处置流程

（1）根据监控、工业电视和设备异常现象判断缺陷确已发生。

（2）如变压器存在火灾或爆炸风险，应第一时间采取有效的应急处置措施，避免故障扩大和事故发生，同时应该考虑现场人员疏散。

（3）确保运行系统的设备继续安全运行，调整运行方式，尽可能恢复设备正常运行方式。

（4）对于严重及以上缺陷，值守人员应及时如实汇报值长、部门负责人、分管领导，以及调度，通知操作（ONCALL）人员进行故障设备隔离操作，通知维护人员进行缺陷处理。

（5）在发生故障导致保护动作跳线路断路器或主变压器后，注意监视机组停机过程，防止故障扩大，确保机组及各辅机系统可靠停稳，检查厂用电系统倒换正常。

（6）及时在生产管理系统中填报缺陷。

（7）满足应急响应条件时，应立即启动相应等级的应急响应，按照应急程序的要求进行操作。

2. 主变压器冷却系统故障应急处置

（1）根据监控、工业电视和现地检查情况判断缺陷确已发生。

（2）值守人员加强主变压器各部位温度的监视情况，并根据监控报警信息及相应画面判断故障的性质，并查看备用冷却器是否投入运行。

（3）如果冷却系统故障是由于冷却水丢失，应对冷却水泵及各种电动阀、流量控制阀等的状态进行检查，确认水泵及各种阀门是否出现故障。

（4）如果冷却系统故障是由于软件或程序故障，应立即将各冷却器及阀门切换至手动模式控制，根据主变压器状态、负荷及温度来确定冷却器的投运台数。

（5）如果冷却系统故障是由于供电电源丢失，应查看各级供电断路器及熔丝的运行情况，如果主用电源无法供给，应手动切换至备用电源供电。

（6）如果冷却系统故障是由于冷却器本体故障，如大量漏油、漏水及油系统故障等，那么应立即隔离故障冷却器，并观察其他冷却器是否运行正常。

（7）及时在生产管理系统中填报缺陷，通知维护人员进行缺陷处理，并汇报相关领导。

3. 主变压器上层油温、绕组温度异常应急处置

（1）在监控系统上监视主变压器上层油温、绕组温度变化情况。

（2）现场核对温度装置是否正常，并充分考虑环境温度、负荷的因素，判断变压器温升

是否异常。

（3）现场检查冷却装置有无异常，水压、流量、阀门等是否正常，如有异常，应尽快调整恢复冷却水。

（4）将主变压器的负荷和油温、水温与相同负荷和冷却条件下的温度进行核对，判断有无异常。

（5）当不能判断为温度表指示错误时，应向调度申请适当降低主变压器的负荷，以限制温度上升，并使之逐步降低到允许值之内。若主变压器上层油温、绕组温度超过报警值仍不断上升，应立即向调度申请将主变压器停运。

（6）及时在生产管理系统中填报缺陷，通知维护人员进行缺陷处理，并汇报相关领导。

二、厂用电系统异常应急处置

1. 厂用断路器分合闸操作失灵应急处置

（1）检查直流操作回路是否有问题、熔丝是否熔断、电压是否正常。

（2）检查操动机构是否有卡住现象。检查断路器是否储能，如未储能，可通过储能手柄进行手动储能。检查出口跳闸继电器节点是否正常。

（3）检查时应拉开直流操作电源，以免烧坏线圈。

（4）如果断路器一相或两相拒合，应先拉开已合闸的相再做处理。

（5）故障处理完毕后，将断路器摇至试验位置，分合试验三次，试验正常后方可投入使用。

注：如操作为远方操作，建议首先核对操作项目及画面链接是否正确。

2. 机组运行时自用配电盘Ⅰ段失电应急处置

（1）检查机组是否保持在原工况稳定运行，查看监控系统上的报警信息。

（2）现场检查机组自用变压器及高、低压侧断路器是否跳闸，记录保护动作信息，检查机组自用配电盘、母联断路器，以及备用电源自动投入装置状况，初步判定故障原因。

（3）检查主变压器冷却器控制盘电源是否自动切换至B路电源、主变压器冷却器是否运行正常，必要时根据主变压器状态手动启动相应数量的冷却器。

（4）检查机组技术供水泵、水导油泵、调速器油泵，以及球阀油泵的2号泵是否自动启动，若自动切换失败，立即手动启动。

（5）由于机组高压顶起装置交流注油泵电源丢失，机组停机过程中，注意监视直流注油泵是否自动启动、油压建立是否正常。

（6）及时在生产管理系统中填报缺陷，通知维护人员进行缺陷处理，并汇报相关领导。

3. 厂用干式变压器温度异常升高应急处置

（1）现地检查干式变压器温控器是否故障，对变压器进行外观检查，检查变压器运行声音是否正常。

（2）现地对变压器进行测温，确定变压器实际温度，并密切监视温度变化情况。

（3）检查变压器室温度、通风情况是否正常。

（4）检查变压器负载情况，是否存在过载情况。在正常负载条件下，若变压器温度不断上升，应确定是变压器内部发生故障，应立即将变压器负荷进行转移，并将其停运。

（5）及时在生产管理系统中填报缺陷，通知维护人员进行缺陷处理，并汇报相关领导。

三、升压站设备异常应急处置

1. 基本处置流程

（1）根据监控、工业电视和设备异常现象判断缺陷确已发生。

（2）第一时间采取有效的应急处置措施，避免故障扩大和事故发生。

（3）升压站设备一般为调度管辖设备，应严格按照调度规程要求开展应急处置，涉及线路、母线停送电操作时应及时汇报调度，严格执行调度指令。当涉及人身伤亡、设备损坏等紧急情况时，可自行进行停电操作，事后向调度汇报，说明原因。

（4）通过监控报警、保护装置信息、故障录波仪信息，以及现场检查情况等综合分析异常或故障原因，并采取相应处置措施。

（5）涉及 SF_6 气体泄漏的处置，应启动排风机，佩戴正压式空气呼吸器或防毒面具去现场检查泄漏情况，做好防护并隔离故障设备，处置过程中可采取拉开控制、操作电源的措施，以防止故障扩大。

（6）对于严重及以上缺陷，值守人员应及时如实汇报值长、部门负责人、分管领导，以及调度，通知操作（ONCALL）人员进行故障设备隔离操作，通知维护人员进行缺陷处理。

（7）及时在生产管理系统中填报缺陷。

（8）满足应急响应条件时，应立即启动相应等级的应急响应，按照应急程序的要求进行操作。

2. 断路器非全相运行应急处置

（1）根据监控系统上断路器三相电流值、保护动作信息、工业电视查看，以及现地检查确定断路器是否非全相运行。

（2）通过报警信息和检查情况综合判断故障原因，如断路器单相重合闸、断路器控制回路或操动机构异常引起的断路器不一致偷跳或断路器一相/两相分合闸闭锁。

（3）判定断路器非全相运行后，应尽量减少非全相运行对主变压器和机组的影响，立即恢复断路器全相运行，如无法恢复，应立即向调度汇报故障情况，若相关机组正在运行，则向调度申请转移负荷或启动备用机组，拉开故障断路器。

（4）及时在生产管理系统中填报缺陷，通知维护人员进行缺陷处理，并汇报相关领导。

3. 断路器 SF_6 压力低报警应急处置

（1）根据监控报警信息、工业电视、现地氧量仪和 SF_6 气体泄漏报警仪判断缺陷是否发生，现地检查时应佩戴正压式空气呼吸器或防毒面具，携带 SF_6 含量测量仪及测氧仪监测 SF_6

含量（含氧量不得低于 18%，SF_6 浓度不得大于 1mL/L），同时立即开启 GIS 室排风机。

（2）现地检查后确认 SF_6 压力低，严禁对断路器进行停送电操作，若 SF_6 压力降至闭锁整定值，闭锁相应断路器、隔离开关的分合闸操作时，应立即拉开相应断路器、隔离开关的操作电源，防止误分。现地检查人员不应少于两人。

（3）立即汇报调度、值长及相关领导，将故障断路器隔离停运，通知维护人员进行缺陷处理，及时在生产管理系统中填报缺陷。

（4）当发生 SF_6 大量泄漏等紧急情况时，人员应迅速撤出现场，立即启动相应等级的应急响应，按照应急程序的要求进行操作。

四、发电机出口设备异常应急处置

1. 基本处置流程

（1）根据监控显示、工业电视查看和设备异常现象判断缺陷确已发生。

（2）第一时间采取有效的应急处置措施，避免故障扩大和事故发生。

（3）通过监控报警、保护装置信息、故障录波仪信息，以及现场检查情况等综合分析异常或故障原因，并采取相应处置措施。

（4）涉及 SF_6 气体泄漏的处置，应启动排风机，佩戴正压式空气呼吸器或防毒面具去现场检查泄漏情况，做好防护并隔离故障设备，处置过程中可采取拉开控制、操作电源的措施，以防止故障扩大。

（5）当故障致使出口断路器无法分闸时，可将相应运行机组转换至调相工况或降低负荷后，通过拉开上级断路器来隔离设备，并采取措施防止出口断路器误分。

（6）对于严重及以上缺陷，值守人员应及时如实汇报值长、部门负责人、分管领导，以及调度，通知操作（ONCALL）人员进行故障设备隔离操作，通知维护人员进行缺陷处理。

（7）及时在生产管理系统中填报缺陷。

（8）满足应急响应条件时，应立即启动相应等级的应急响应，按照应急程序的要求进行操作。

2. 隔离开关状态丢失或信号错误应急处置

（1）现地检查隔离开关实际位置、现地指示是否正常。

（2）若现地检查情况与监控系统显示不一致，应检查隔离开关操动机构连杆是否正常，检查二次回路是否正常。

（3）现地手动分合隔离开关，检查状态是否恢复，操作隔离开关前必须检查相应断路器在分闸位置。

（4）若故障依然存在，应汇报值长及相关领导，通知操作（ONCALL）人员将故障设备隔离，及时在生产管理系统中填报缺陷，通知维护人员进行缺陷处理。

（5）若在开机过程中出现隔离开关状态丢失或信号错误，应密切监视开停机流程，若故障隔离开关影响流程执行，应在流程超时前及时向调度申请停机，监视机组停机流程是否正确执行。

第二节 机组异常应急处置

一、发电电动机异常应急处置

1. 发电电动机轴瓦温度过高报警应急处置

（1）通过监控系统加强监视发电电动机轴瓦温度及振动情况，检查轴承冷却水压力、流量、轴承油位是否正常。

（2）现地检查轴承油位、油色是否正常，油位异常时应检查轴承是否跑油或进水，油色异常时应汇报值长，联系维护人员进行油质化验。

（3）现地检查轴承冷却水压力、流量是否正常，如不正常应检查冷却水回路管路及阀门状态有无异常。

（4）监听轴承运行是否有异响、是否运行在振动区域，如在振动区域运行，应立即联系调度调整负荷避开此区域运行。

（5）检查各轴瓦间温差情况，当温差较大且振摆较大时，应考虑轴瓦的标高问题。

（6）如轴瓦温度继续（急剧）升高，或者伴有轴电流报警，应立即汇报调度，申请停机。

（7）如现地检查无异常，应检查测温元器件及其二次回路是否正常。

（8）及时在生产管理系统中填报缺陷，并汇报值长和相关领导。通知操作（ONCALL）人员进行故障设备隔离操作，通知维护人员进行缺陷处理。

2. 发电电动机振动过大报警应急处置

（1）通过监控系统密切监视运行机组振动趋势，现地检查机组振动情况，判断故障原因。

（2）如果出现以下几种情况，可能为误报警：

1）机组运行时，某个测点振动数值长时间无变化。

2）个别振动测点数值剧烈变化，其他测点数值变化范围正常。

此时应做进一步检查和判断，如果报警是传感器故障引起的，可经领导批准，暂时解除故障传感器的端子或者在监控系统中强制该测点，停机后再由维护人员处理，同时加强对运行机组的监视。

（3）如果确定发电电动机振动异常，应汇报调度，适当调整机组负荷观察振动变化情况，若调整无效，应立即向调度申请停机。

（4）判断发电电动机振动异常，同时出现以下任一种情况时，应立即汇报调度申请停机：

1）现场有明显振感。

2）风洞或水车室有异常声音发出。

3）发电电动机相应部件温度明显上升且已接近高限值。

（5）及时在生产管理系统中填报缺陷，并汇报值长和相关领导。通知操作（ONCALL）人员进行故障设备隔离操作，通知维护人员进行缺陷处理。

二、水泵水轮机异常应急处置

1. 水导油位低报警应急处置

（1）通过监控系统密切监视水导瓦温、油温变化趋势。

（2）现地检查水导实际油位及甩油情况，检查冷却器、油管路、油泵等有无漏油情况。

（3）检查水导油位测量浮子有无异常，判断是否误动。若确认为误动，可经领导批准，暂时解除故障浮子的端子或者在监控系统中强制该测点，停机后再由维护人员处理，同时加强对运行机组的监视。

（4）若无明显异常情况，可适当在线加油，待停机后测量水导实际油位。

（5）当水导油盆甩油严重或现地漏油量较大时，应立即汇报调度，申请停机。

（6）及时在生产管理系统中填报缺陷，并汇报值长和相关领导。通知操作（ONCALL）人员进行故障设备隔离操作，通知维护人员进行缺陷处理。

2. 主轴密封温度高报警应急处置

（1）通过监控系统密切监视主轴密封各测点温度变化趋势。

（2）现地检查主轴密封工作情况，检查主轴密封润滑水供水回路是否正常，供水压力、流量是否正常。

（3）对比主轴密封温度各测点数值的变化情况，若跳机测点温度异常而其他测点数值均正常，可经领导批准，暂时解除该测点端子或者在监控系统中强制该测点，停机后再由维护人员处理，同时加强对运行机组的监视。

（4）若现地检查主轴密封工作异常或者所有温度测点数值均呈现较快上升趋势，应立即汇报调度，申请停机。

（5）及时在生产管理系统中填报缺陷，并汇报值长和相关领导。通知操作（ONCALL）人员进行故障设备隔离操作，通知维护人员进行缺陷处理。

第三节　二次设备异常应急处置

一、监控系统异常应急处置

1. 监控系统命令发出后现场设备拒动应急处置

（1）通过在操作员站按操作按钮，到预定时间后被控制设备有无反应来判断现场设备是否拒动。

（2）检查输出模件是否故障、供电是否正常。

（3）检查输出模件对应的继电器是否故障。

（4）检查柜内接线是否松动、控制回路电缆或连接是否故障。

（5）检查被控设备本身是否出现故障。

（6）及时在生产管理系统中填报缺陷，并汇报值长和相关领导。通知操作（ONCALL）人员进行故障设备隔离操作，通知维护人员进行缺陷处理。

2. 监控系统灰屏无法操作应急处置

（1）立即安排值守人员至现地控制单元，现地人员将机组控制权切换至现地控制单元（LCU），并根据中控室指令进行开停机、负荷调整等相关操作。

（2）对故障原因做出初步判断，确定是服务器故障还是操作员站的主机死机问题，若是死机问题则可进行重启，监控系统恢复后切回控制权。

（3）若重启后监控系统仍灰屏，可以启用备用中控室或在工程师站进行操作。必要时可以采取按紧急停机按钮使机组停下。

（4）及时在生产管理系统中填报缺陷，并汇报值长和相关领导。通知操作（ONCALL）人员进行故障设备隔离操作，通知维护人员进行缺陷处理。

（5）监控系统恢复后，应注意启动每台机组辅机试验，确认是否正常。

二、保护和安全自动装置异常应急处置

1. 基本处置流程

（1）根据监控、保护装置报警信息和设备异常现象判断缺陷确已发生。

（2）第一时间采取有效的应急处置措施，避免故障扩大和事故发生。

（3）保护和安全自动装置异常，应及时分析其动作情况，有时可以从其异常动作分析中发现其他一、二次设备严重隐患。

（4）对于严重及以上缺陷，值守人员应及时如实汇报值长、部门负责人、分管领导，以及调度，通知操作（ONCALL）人员进行故障设备隔离操作，通知维护人员进行缺陷处理。

（5）保护和安全自动装置异常或动作后，值守人员应按设备调度管辖范围，立即汇报调度，记录保护动作情况，收集整理保护动作信息，及时将有关信息传送至相应调度机构。

（6）电压互感器、电流互感器及其二次回路异常时，应及时汇报调度，经调度同意后退出可能误动的相应保护。

（7）保护和安全自动装置异常，故障信号能复归时，可暂时继续运行，但应加强监视；故障信号不能复归时，经调度同意后退出该保护和安全自动装置。

（8）及时在生产管理系统中填报缺陷。

（9）满足应急响应条件时，应立即启动相应等级的应急响应，按照应急程序的要求进行操作。

2. 电压互感器断线应急处置

（1）根据监控、保护装置报警信息和故障特征现象判断是电压互感器哪一组二次绕组回路断线。

（2）若电压互感器二次电压消失，应立即汇报调度，经调度同意后将受影响的保护装置改为"信号"或"停用"，防止保护装置误动作。

（3）及时在生产管理系统中填报缺陷，并汇报值长和相关领导。通知操作（ONCALL）人员进行故障设备隔离操作，通知维护人员进行缺陷处理。

（4）若电压互感器断线是由于二次空气断路器跳闸，可能电压互感器回路有短路故障，应设法查出短路点并消除。

（5）电压互感器断线故障消除后，应及时恢复其负荷，复归相关保护报警，检查保护运行正常后，将相关保护改为"跳闸"。

三、直流系统异常应急处置

直流系统接地或绝缘降低应急处置：

（1）立即到现地检查绝缘检测装置，查看各段电阻、电流变化情况，确定故障支路。

（2）用万用表测量相应段直流母线正、负母线对地电压（先直流主母线、后直流负荷母线），并将检测结果与绝缘检测装置检测结果比较，判断直流接地故障点。

（3）查找直流系统接地点前先分析判断直流回路是否有人工作，或是否因漏油、潮湿等造成。

（4）当确认直流系统发生一点接地或绝缘降低后，做好防范措施后，切投支路断路器，检查接地信号是否消失。

（5）及时在生产管理系统中填报缺陷，并汇报值长和相关领导。通知操作（ONCALL）人员进行故障设备隔离操作，通知维护人员进行缺陷处理。

（6）采用"拉路寻找、分段处理"的方法查找接地故障时，应在机组处于停机状态时进行，同时应由两人相互配合进行查找，试拉中应尽量缩短断电时间（≤3s），不管回路接地与否，均应立即把断路器合上，当发现某一直流回路有接地现象（判断依据：拉合前后，母线对地电压发生变化，绝缘检测装置该支路显示发生变化）时，应及时找出接地点，并尽快消除。

（7）应先拉次要设备，后拉主要设备，先拉故障可能性较大的设备（如水轮机层、蜗壳层、尾闸等的设备），后拉故障可能性较小的设备。

（8）对于失去直流电源即可引起误动的保护，必须事先采取措施，以防查找直流故障时引起保护的误动。

（9）若查出一路电源接地，该电源又有分路时，应继续试拉分路，以寻找故障点。

（10）若需拉蓄电池组以检查故障点，应先将直流母线接线方式改为联络运行方式。

（11）在试拉回路有球阀等由可编程逻辑控制器（PLC）控制的设备的直流负荷断路器后，应注意复归PLC。

（12）当确定接地点后应安排维护人员尽快消除故障。

（13）若试拉均正常，应由维护人员继续查找支路传感器回路。

第四节　火灾应急处置

一、火灾应急响应流程

1. 先期处置

（1）一旦发生火灾，事发现场人员应当立即打中控室或安保值班室电话。消防控制室值班人员接到火灾自动报警系统火灾报警信号或事发现场人员报告后，应以最快方式确认，然后向119报警，同时向安全应急办报告，并通知消防队携装备立即赶赴现场。火灾区域人员接到通知时，应立即就近撤离至各避险点。

（2）事发现场人员须在第一时间开展先期处置工作，组织、引导人员疏散，在确保人员安全的前提下开展初期火灾的扑救，做好事故现场警戒。在专项处置指挥部总指挥未到达现场或未指定现场指挥人员前，现场临时指挥人由下列人员担任：运行管辖区域的设备火灾由当班值长担任；其他区域的火灾由现场负责人担任。

（3）接到火灾事件信息，安全应急办应迅速准确掌握事故情况，包括事故类型、发生时间、地点、火势严重程度、主要燃烧物及数量、范围，以及有无人员伤亡或被困等信息，向应急领导小组报告。

2. 应急响应启动

根据各公司生产区域火灾专项应急预案启动相应级别应急响应，并按照相关流程进行汇报处置。

3. 应急响应行动

根据各公司火灾专项应急预案，不同级别的应急响应，现场专项处置指挥部及各工作组根据各自的职责采取不同的应急响应行动。

4. 应急响应结束

各公司根据现场火灾应急处置情况，依据火灾专项应急预案由现场专项处置指挥部或应急领导小组宣布火灾应急响应结束。

二、火灾的现场应急处置

1. 发电机火灾应急处置

（1）值守人员通过工业电视系统监视现场情况，通知地下厂房ONCALL人员，现场确认故障机组火情。根据现场确认，监视机组停机过程，并立即拨打办公室消防主管电话通知厂内消防队或直接拨 119 通知消防队。

（2）值守人员利用厂内广播系统发出火灾警告，通知厂内消防人员到厂房值班室集合，协助现场疏散厂房内无关人员。

（3）值守人员立即检查机组断路器（GCB）、励磁变低压侧断路器（ECB）分闸情况及机组转停机情况，通知当值值长紧急赶到中控室并向其汇报情况，5min 内汇报网调事故情况（包括故障发生时间、故障的具体设备及其故障后的状态等）；15min 内汇报网调事故情况，必要时启动备用机组。

（4）现场 ONCALL 人员进一步做好事故机组的安全隔离，重点检查确认事故机组 GCB 及 ECB 在分闸，必要时现场手动分闸。

（5）由当值值长发令启动机组消防水泵灭火。在接到当值值长手动投机组消防水的命令后，由中控室撤下事故机组消防紧急启动按钮（或其他方式启动机组消防水泵），现场 ONCALL 安排人员前往 1 号机夹层，检查机组消防水泵启动正常。

（6）现场 ONCALL 安排人员佩戴防毒面具，前往主厂房中间层检查事故机组消防喷淋装置，根据现场情况判断火势或根据中控室指令手动打开雨淋阀进 / 出水阀，进行喷淋灭火。检查确认风洞门关闭、顶盖密封完整、消防通道通行无阻、事故现场隔离措施完备，检查事故机组风洞电缆出口和火点附近的电缆夹层是否有过火现象，并组织扑灭，减少对相邻设备的影响。

（7）现场 ONCALL 安排人员停运事故机组上下游侧相应风机，并检查主厂房及发电机层左右侧排烟风机是否已启动，否则根据烟雾的扩散情况手动启动排烟风机。

（8）现场 ONCALL 安排人员将灭火器和防毒面具等消防器具集中到事故机组的指定点，组织保安人员及其他义务消防人员紧急灭火，直到专职消防队接手。明火扑灭后，现场 ONCALL 安排人员协同消防人员检查事故机组现场周围是否存在火种隐患。

（9）现场事故处理负责人组织收集事故处理过程材料、安排编写事故处理报告，协助并参加事故分析会。

2. 主变压器火灾应急处置

（1）根据监控系统的信号，值守人员初步判断事故的性质、原因，并立即通知现场 ONCALL 人员到现场检查确认。

（2）如发现变压器着火，其保护仍未动作时，应立即手动断开变压器两侧断路器。

（3）将变压器的运行状态、保护动作情况汇报华东网调。

（4）按调度指令，调整电厂运行方式，及时启动备用机组或启动旋转备用出力，确保频率、电压在合格范围。

（5）发现主变压器着火时，应立即拨打火警电话报警，现场确认主变压器消防喷淋系统是否启动，如未启动立即手动开启主变压器消防喷淋系统灭火。若主变压器发生爆炸导致地面上的绝缘油着火可用干砂灭火。

（6）进入事故现场的救援人员在开展救援前，应先进行现场检查，现场检查人员应站在设备上风侧，同时确认发生火灾的变压器有无爆炸危险。

（7）根据具体情况确定警戒区域，设置警戒标志，合理设置出入口，严格控制人员、车辆进出。

（8）向调度申请将主变压器改为检修，隔离操作好后进行消缺处理。

3. 厂用变压器火灾应急处置

（1）如发现厂用变压器发生火灾，其保护仍未动作时，应立即手动拉开厂用变压器高低压侧断路器。

（2）根据监控系统报警、火灾报警装置告警信号或现场人员的汇报，初步判断事故的性质、原因。

（3）现场人员应立即组织、引导附近人员疏散。

（4）立即拨打火警 119 电话报警，在确认厂用变压器高压断路器的一、二次电源全部断开后，值长下达灭火指令，立即使用二氧化碳或干粉灭火器灭火。

（5）指派人员到电厂大门处引导消防车辆至事故现场。

（6）当初期火灾无法扑灭时，应撤离电厂所有参与灭火的工作人员。

（7）根据具体情况确定警戒区域，设置警戒标志，禁止无关人员、车辆进入事故现场。

（8）做好安全隔离措施，将厂用变压器改检修，并通知检修人员消缺处理。

第五节　重大事故应急处置

一、水淹厂房重大事故应急处置

抽水蓄能电站地下厂房廊道、引水管道纵横，水路复杂，并且厂房整体基本在上、下库水位高程以下，一旦发生水淹厂房，将对人身及国家财产造成极大的损失。

1. 水淹厂房应急响应流程

（1）先期处置。

1）无论启动哪级应急响应，事发现场人员应在第一时间开展先期处置工作，根据水位上升情况，在确保人身安全的前提下隔离跑水源，切断可能淹没区域的有关部位设备、装置的电源。优先切断管道廊道、蜗壳层检修电源、动力电源。

2）任何人在发生水淹厂房事件时，应立即汇报当班值长。中控室进行应急广播，通知地下厂房内的无关工作人员从交通洞、交通电缆道、500kV 电缆道撤离。当集水井水位上升过快时，地下厂房所有人员撤离。撤离人员严禁乘坐电梯。同时运维人员要尽可能保证地下厂房人员撤离过程中事故照明的可靠供电，组织地下厂房人员有序撤离。地下厂房人员应打开头灯。

3）当班值长立即通知运检部负责人，并汇报安全应急办。

4）接到水淹厂房事件信息，安全应急办应迅速准确掌握事故情况，包括事故类型、发生时间、地点、严重程度等信息，向应急领导小组报告。公司办公室接到安全应急办报告后，利用短信、微信、钉钉或其他方式尽可能快地通知全体员工和长驻外包作业人员。

（2）应急响应启动。根据各公司水淹厂房专项应急预案，启动相应级别应急响应，并按照相关流程进行汇报处置。

（3）应急响应行动。根据各公司水淹厂房专项应急预案，不同级别的应急响应，现场专项处置指挥部及各工作组根据各自的职责采取不同的应急响应行动。

（4）应急响应结束。各公司根据水淹厂房应急处置情况，依据水淹厂房应急预案由现场专项处置指挥部或应急领导小组宣布水淹厂房应急响应结束。

2. 水淹厂房的现场应急处置

（1）事故处理基本原则。

1）水淹厂房事故发生后现场根据异常来水情况，进行相应处理，如是否必要停机、落尾水闸门和上库闸门，汇报领导、调度，通知有关人员等。

2）当地下厂房出现涌水时，应及时查明异常来水源头，及时做好隔离，并做相应处理。

3）当异常来水是由施工支洞涌水流入厂房时，应做好来水的引水工作，将水引向其他区域，尽可能避免流向主厂房区域。

4）当异常来水是球阀上游侧压力钢管损坏引起的，应快速将该机组及同一引水隧道机组停机并落下上库闸门。

5）当异常来水是机组球阀下游侧或尾水管侧设备损坏引起的，应快速将该机组停机并落事故尾水闸门或尾水检修门（若球阀工作旁通管漏水，必要时需要投上球阀检修密封）。

6）当涌水导致地下厂房蜗壳层水位持续上升，涌水暂时无法控制时，将全厂机组停机，并切断主厂房蜗壳层有关电源，汇报调度，可能发生紧急停机或事故停机的危险。汇报有关领导、通知维护人员，通过中控室消防广播通知地下厂房其他作业人员紧急撤离。

7）当水位继续上升到主厂房水机层时，拉开水轮机层相关电源。

8）当水位升到中间层时，汇报调度将500kV系统拉停，厂用电系统、直流系统停电（事故照明除外）。

9）当水位继续上升至发电机层时，组织最后一批人员从紧急逃生路线撤离地下厂房。

（2）事故处理具体措施。

1）涌水点在球阀上游侧压力钢管。

a.在通过现场确认或工业电视确认后，应立即将该输水系统的运行机组停机。中控室值守人员通过上位机操作紧急落下该输水系统上库闸门，并及时汇报调度人员。

b.应尽快通过消防广播通知地下厂房其他工作人员迅速从紧急逃生通道或交通洞撤离。

c.若水淹厂房情况仍得不到控制，则应将全厂机组停机，并汇报调度人员。

d. 机组停机后，厂房水位仍继续升高，应立即将相应楼层设备停电，包括动力盘柜和控制盘柜。

e. 运行人员在保证自身安全的情况下逐步撤离，并密切监视水位上升情况，当水位升至中间层时，应果断拉开 500kV 线路断路器，从电气上进行可靠隔离，防止事故扩大。

f. 如水位仍在继续上升，最后一批人员撤离地下厂房。

2）涌水点在球阀下游侧（球阀旁通管、伸缩节、顶盖或尾水椎管段）。

a. 若涌水点在球阀旁通管，此处仍连接上水库，水压较大，在通过现场确认或工业电视确认后，应立即将该机组停机。若现场具备条件，则应迅速操作投上检修密封；若不具备投检修密封的条件，则应将该输水系统的运行机组全部停机，停机过程中应确认球阀和导叶可靠关闭。中控室值守人员通过上位机操作紧急落下该输水系统上库闸门和该机组尾水闸门，同时及时汇报调度人员。

b. 若涌水点在伸缩节、顶盖或尾水椎管段，在通过现场确认或工业电视确认后，应立即将该机组停机，停机过程中应确认球阀和导叶可靠关闭。在球阀关闭后，中控室值守人员通过上位机操作紧急落下该机组尾水闸门，并及时汇报调度人员。

3）地下厂房施工支洞涌水。

a. 在发现施工支洞有大量涌水后，应及时汇报当班值长和相关领导。当班值长应派人到现场密切监视支洞漏水情况。同时组织力量，将沙袋运到指定地点，提前做好导流的准备。

b. 由水工专业人员对涌水情况进行分析，判断涌水原因及发展趋势，以决定是否需要停机。如需要汇报调度，在确保人员及设备安全的前提下，陆续停下各机组，尽量减小对系统的冲击。

c. 设置沙袋墙进行导流，将水流导入自流排水洞或集水井，应该尽量避免水流通过其他洞室流入主厂房，避免电气设备进水。

d. 值守人员积极与调度做好沟通（若涉及机组启停或落上下库闸门），在抢险组统一指挥下积极抢险排水。

二、全厂停电重大事故应急处置

抽水蓄能电站在电网中承担着调频调相、调峰填谷和紧急事故备用的重要作用，一旦发生全厂停电事故，将严重影响电站设备的安全，甚至可能导致水淹厂房及危及电网安全稳定运行，因此要做好全厂停电重大事故的应急处置：

（1）全厂厂用电消失应及时汇报当班值长并通知 ONCALL 人员密切监视，如机组甩负荷停机，现场 ONCALL 人员应现地监视机组至停机稳态，停机过程中重点关注直流高压注油泵能否正常启动，必要时手动启泵。同时，安排好人员准备启动柴油发电机。

（2）全厂厂用电消失，应及时联系厂用电地方供电单位调度，要求迅速恢复对市电的供电，恢复 10kV Ⅲ段供电。尽快排除 500kV 系统故障，恢复 10kV Ⅰ、Ⅱ段供电。

（3）厂用电地方供电线路、10kV Ⅲ 段或者 500kV 两条线路线路在检修的，立即停止检修工作，无法恢复厂用电时，应立即向网（省）调和厂用电地方供电单位调度申请执行由检修改为运行操作。

（4）上、下库及中控楼均将失去交流电源，值长必须调动可调的一切运维人员，赴现场加强设备巡视，巡视检查运维人员必须及时将异常情况汇报值长，联系处理。

（5）值长必须立即通知二次班人员，赴中控室，根据情况，对中控室不间断电源（UPS）用户加强监视，必要时拉限负荷；通知一次班、机械班人员，赴现场巡视设备，并保持与中控室的通信畅通。

（6）通知现场 ONCALL 人员监视制动气压下降情况，以及机组蠕动情况；并对机组球阀和调速器漏油箱油位加强监视，及时通知机械班人员，进行排油处理；对直流事故照明负荷加强监视，必要时对事故照明用户拉限负荷。

（7）若 500kV 系统故障且坎顶变短时无法恢复对 10kV Ⅲ 段供电，此时，必须及时启动柴油发电机发电，对厂房保安配电盘用户（除机组外）及 400V 公用配电盘 Ⅱ 段上的渗漏水泵和直流系统进行供电。

（8）发生全厂失电事故时，可以视情况切除部分事故照明负荷。

（9）柴油机室至少留一名运维人员加强对柴油发电机运行过程中的监视；地下厂房渗漏水泵室要留有运维人员加强对渗漏水泵运行情况的监视；安排 ONCALL 操作人员做好恢复供电的准备工作，以便 500kV 系统或者厂用电地方供电线路恢复供电后迅速恢复厂用电供电；其他运维人员听从值长的安排加强对各处设备的巡视检查。

（10）密切关注天气情况，监视上、下库及渗漏集水井水位上升情况，如有异常情况，及时通知值长安排运维人员处理；继续联系网（省）调及厂用电地方供电单位调度及时询问何时能恢复供电，在得到恢复供电指令后，及时组织 ONCALL 操作人员进行恢复操作，恢复厂用电供电。

思　考　题

1. 变压器的常见故障有哪些？
2. 说明线路强送电的原则。
3. 厂用电系统发生缺相运行可能的原因以及缺相运行的危害。
4. 停机时 FCB 先于 GCB 分闸有何危害？
5. 简述轴电流产生的原因。
6. 机组产生振动的原因有哪些？对机组运行造成哪些危害？采取哪些措施减轻振动？
7. 监控系统常见的异常和故障有哪些？
8. 哪些情况会闭锁重合闸？

9. 直流系统一点接地、两点接地分别有何影响？

10. 根据火灾的性质、危害程度、影响范围等因素，将火灾分为哪几个级别？

11. 发电机在运行过程中发生火灾，应急处置要点是什么？

12. 主变压器发生火灾时，应如何进行应急处置？

13. 厂用变压器发生火灾时，应使用何种灭火器进行灭火？

14. 中控室发生火灾时，对于调度和设备监控方面，应做何应急处置？

15. 针对抽水蓄能电站的建造特点，简述发生水淹厂房的主要危险源。

16. 若发生因机组顶盖螺栓断裂导致水淹厂房，应如何进行事故处置？

17. 发生全厂停电时，应如何进行应急处置？

18. 简述输水系统发生自激振荡的现象及处置措施。

19. 发生厂内通信中断时，应如何进行现场应急处置？

20. 若电站与网省调之间通信中断，应如何进行现场应急处置？

第八章　基建转生产管理

本章概述

本章主要讲述抽水蓄能电站由基建期转运行期过程中的相关管理规定，了解生产准备工作实施要求、基建移交代管管理要求、设备移交验收投运条件等，帮助生产准备员工更快转换角色，掌握基建转运行基本技能，更好地参与电站移交验收等工作。本章包含生产准备管理、基建设备移交代管、基建设备移交生产等三部分内容。

学习目标

	学习目标
知识目标	1. 能简述生产准备工作方案的审批流程。 2. 能简述生产准备工作实施要求，掌握组织机构设置及人员配置、规章制度及图册建设、移交代保管管理、设备安装调试管理、生产运维管理、涉网工作管理、硬件建设等基本要求。 3. 能简述基建设备代管交接条件。 4. 能简述基建设备代管期间管理要求。 5. 能简述基建设备移交应具备的条件。 6. 能简述基建设备移交主要内容。 7. 能掌握基建设备移交程序及要求。 8. 能基本了解基建设备移交验收大纲及专家库管理，基本了解验收大纲大体内容。
技能目标	—

第一节　生产准备管理

一、生产准备定义

1. 生产准备期

从主体工程开工当年，到全部机组投入商业运行为止。

2. 生产准备

在生产准备期内，电站进入正常安全生产需要所开展的有关生产的组织机构组建、人员配置、建章立制、生产培训、生产设施和物资准备、运营准备等工作。

3. 机组投产

机组完成考核试运行并通过移交验收，由电站启委会签署机组验收鉴定书后投入商业运行。

二、生产准备的实施

1. 组织机构设置及人员配置

（1）生产准备单位应设置三个班组，分别开展运行、电气、机械业务，其中电气、机械班组按专业设备系统划分。

（2）生产准备单位应制订本单位生产岗位竞聘方案，完成运维专责和值长的选拔工作，各岗位人员数量应至少满足倒送电生产值班工作需要。

（3）生产准备单位应在倒送电前三个月前完成人员调度系统运行值班许可证、高低压电工证、构建筑物消防证和特种作业人员取证工作，取证人员数量至少应满足正常值班需要。在倒送电前一个月完成工作票四种人、单独巡视高压设备人员、操作人、监护人等人员资质认证工作。

（4）每一个设备系统均应配置/培养设备主人A角，核心主设备宜配置2～3名设备主人。

（5）每一位生产准备人员至少担任一个设备系统设备主人A角，每人至少参加一台次主机设备安装调试全过程。

2. 规章制度及图册建设

（1）各生产准备单位至少应在倒送电前三个月完成本单位生产管理各项制度编制及审批发布工作。典型制度清单可分为运检作业制度/管理办法清单、运行/检修规程清单、设备说明书、现场处置方案及应急预案。

（2）生产准备单位至少应在倒送电前两个月完成本单位生产岗位各级人员的安全责任清单编制及审批发布工作。

（3）生产准备单位应制订规程图纸编制计划，明确编制时间和人员。

（4）涉及倒送电设备的各项规程图册至少应在倒送电前一个月完成编审批并予以发布，涉及机组设备的各项规程图册应在机组试运行前一个月完成编审批并予以发布。

3. 移交代保管管理

（1）生产准备单位应编制设备代保管制度，并在倒送电前三个月完成编审批并予以发布。代保管制度中应明确设备代保管期间设备缺陷消除的管理执行流程，明确代保管设备的移交条件等内容。

（2）生产准备单位应编制本单位运行设备与基建设备现场物理隔离制度，并在倒送电前三个月完成编审批并予以发布。

（3）生产准备单位应编制本单位运行设备隔离点及新设备接入管理制度，并在倒送电前三个月完成编审批并予以发布。制度中应明确重要隔离点应加挂3把锁，分别由建设单位、施工单位、监理单位共同管理。应明确新接入电缆、新接入油气水管路的边界条件及接入规范。

上述三个制度应由建设单位、施工单位和监理单位共同制定，由监理单位签发，各参建单位共同执行，在实际工作中应严格落实各项要求。

4. 设备安装调试管理

（1）在设备安装调试期间，生产准备学员应以现场设备安装调试为重心，保证参与本设备系统安装调试的时间，切实做到熟悉设备。

（2）设备主人参与设备安装调试期间，应着重从设备结构、拆装流程、工艺工序、质量标准、安装调试工器具、设备安装调试耗材、备品备件、拆装风险等方面开展学习，并对照各项反措要求及同类设备缺陷隐患等资料，在本设备系统安装调试期间予以重点检查落实。

（3）设备主人应做好本设备系统相关资料的收集工作，主要包括设计资料、设联会纪要、出厂验收报告、交接试验报告、安装调试报告、设计变更报告及相关图纸资料等。

5. 生产运维管理

（1）生产准备单位应在倒送电前一年启动生产管理系统建设，落实设备树及设备台账。倒送电前半年生产管理系统测试系统配置到位，并组织开展应用培训工作。倒送电前三个月正式上线应用，系统中设备树、设备台账、人员权限等基础数据应完备。

（2）生产准备单位应在倒送电前一个月做好典型操作票、工作票的编制工作，并定期开展手写操作票、工作票的考评。

（3）生产准备单位应在倒送电前三个月完成运行巡检方案的编制审批工作，巡检方案主要包括巡检路线、巡检点、巡检频次及安全注意事项等。

（4）生产准备单位应在设备安装后一个月或倒送电前三个月完成设备命名及标示牌制作安装工作。原则上屏（柜）外设备标识由运行人员负责制作安装，屏（柜）内设备标识由设备主人负责制作安装。

（5）生产准备单位应在倒送电前三个月配置足够且检验合格的运行及安全工器具，主要包括五防闭锁、地线、钥匙管理系统及围栏、锁具、印章、录音笔等常用工器具。其中钥匙管理系统应具备钥匙取用自动记录功能；安全工器具柜应具备功能显示、温湿度控制等功能；地线管理系统应具备权限设置、地线取用自动记录、与五防闭锁系统具备通信及闭锁等功能。

（6）生产准备单位应在首台机试运行前配备数量足够、质量良好、功能先进的个人工器具。检修专用工器具应做好台账记录，在全部机组调试完成后做好移交工作，涉及信息、保护等专用工器具，应制定工器具使用管理办法，调试电脑等关键工器具不得随意外借、不得连接非调试设备及网络。典型工器具包含个人工器具和绝缘安全工器具等。

（7）生产准备单位应在倒送电前一个月与技术监督服务单位签订生产阶段技术监督和服务合同，在生产管理系统填报技术监督项目并进行闭环管理，开展技术监督各项工作。

（8）生产准备单位应在倒送电前一个月、机组试运行前一个月做好相关应急预案及现场处置方案的编制审批发布及演练工作。

（9）生产准备单位应做好各设备系统备品备件的配备及管理，确保备件储备数量经济合理，满足运行需求。

6. 涉网工作管理

（1）基本要求。

1）电站在系统及厂用电进行并网连接前，应及时签订并网调度协议和购售电合同，无协议不得并网运行。

2）属电力调度机构管辖范围内的投运设备（包括代保管设备），其运行方式、设备状态、稳定限额、保护定值、检修项目、改建工程等应纳入电网统一专业管理，遵守电网运行规程、规范，服从统一调度，严格履行设备停役、调试和复役管理及相关申请手续。

3）电站应根据所管辖电力调度机构的调度规程制定相应的调度运行规程，明确电站线路、电气一次设备、继电保护等设备的命名及状态定义，调度术语、设备状态变化时的操作执行方法等，并明确事故处理时遵循的基本原则、处理流程、事故处理时间要求、事故处理人员职责和汇报方式等。电站的调度运行规程需报调度备案。

4）电站有调度受令权的运行值班人员，应经过严格培训，取得电力调度机构颁发的相应岗位合格证书，持证上岗。

（2）电站升压站的投运。

1）对于直接接入所属电网主网的设备，如主变压器及升压站其他设备等，在倒送电前应编制启动调试方案和实施措施，在审批通过后，报送电力调度机构批准后实施。

2）启动调试方案应包括启动的范围、启动的条件、启动的试验步骤、启动试验计划、电气一次和二次的状态，以及安全隔离措施。

3）启动范围内的电气一次设备已按照国家颁布的《工程建设标准强制性条文》（电力工程部分）等相关的电气试验规程，完成了常规电气试验，试验结论合格，相关试验数据已报电力调度机构备案。

4）调度管辖范围内的继电保护装置已按电力调度机构下达的整定单校验合格；与一次设备的保护联动正确；在核定保护整定值与下达的一致后，将执行后的整定单报电力调度机构备案。电站安全稳定装置已按规定时间和工况完成配置和联动调试。

5）电站自动化系统按审定的设计要求安装、调试完毕；与调度自动化系统遥信、遥测、遥控、遥调能正确传输，核对准确无误。全球定位系统（GPS）对时系统与监控和继电保护装置对时精度及时间同步各项技术指标符合技术规范，满足电网运行统一时标的需要。

6）电站至所属电力调度机构应具有2种不同路由（不包括邮电通道）的通信、自动化通道。接入电网的线路保护通道、自动化装置、电费计量通道必须符合相关的技术规范。通信设备已接入调度通信网管理系统，能保证电力系统通信、自动化、继电保护和安全自动装置通信设备及通道正常运行。调度电话、调度业务传真设备和调度语音录音系统具备功能。

7）电力监控系统安全防护已按防护要求实施相应的安全防护隔离措施。

8）电能计量装置已通过电站和相关单位共同组织的测试和验收。电站的关口电度底码已记录。电能计量采集装置与电网调度电能量计费系统联调已通过，具备投入商业运行的条件。

9）电站升压站启动试验按照电力调度机构批准的启动方案完成启动试验，电气一次和二次设备检验合格、二次设备与一次设备同步投入。在通过了24h试运行考核后，设备可移交生产代保管。

10）主管部门已组织对升压站启动范围内设备进行消防检查，并出具消防设施具备投入条件的检查意见。

（3）机组启动试运行。

1）电站应在首台机组启动试运行前成立机组启动验收委员会（简称启委会），启委会成员组成应满足GB/T 18482—2010《可逆式抽水蓄能机组启动试运行规程》要求。

2）机组15天考核试运行前，应向电力电网调度机构提交试运行试验申请。考核试运行期间，机组运行方式由电力调度机构调度，平均每天启动次数不宜少于2次。

3）在15天考核试运行期间，机组及其附属设备的制造或安装质量原因引起中断，应及时检查处理，合格后继续进行15天试运行，中断前后的运行时间可以累加计算。但出现以下情况之一者，中断前后的运行时间不得累加计算，机组应重新开始15天试运行：

a. 一次中断运行时间超过24h。

b. 累计中断次数超过3次。

c. 启动不成功次数超过3次。

（4）涉网试验。

1）电站在投入商业运行前，应完成下述涉网试验：

a. 发电机励磁系统参数测试及建模试验。

b. 电力系统稳定器（PSS）参数整定试验（含发电方向和抽水方向）。

c. 发电机进相试验。

d. 调速系统参数测试及建模试验。

e. 一次调频试验。

f. AGC试验。

g. AVC试验。

2）电站进行涉网试验前，应向电力调度机构上报试验方案。涉网试验完成后，应向电力调度机构上报试验报告、调整后整定参数、实测模型和参数。

7. 硬件建设

生产准备单位应做好中控室、消控室、班组、生产信息机房及厂房无线专网（5G骨干网）的建设规划。

第二节 基建设备移交代管

一、基建移交代管定义

基建设备移交代管指在机电设备安装调试阶段，电站机电设备具备运行功能但未移交，由电站生产准备人员受委托代为运行管理的模式。

二、基建设备代管程序

1. 移交代管流程

（1）厂家或安装调试单位提出基建设备验收申请。

（2）监理单位组织厂家或安装调试单位和生产运维管理部门进行设备代管前的验收，验收内容可参考表8-2-1。

表8-2-1   验 收 内 容 示 例

序号	内容	序号	内容
1	土建及装修工程完工	13	机械闭锁钥匙和盘柜钥匙齐全
2	临时设施拆除	14	工程质量程度检验评定表等现场验收技术资料
3	场地清理完成	15	设备安装作业指导书
4	安全标识、标牌齐全且规范	16	设备调试方案，调试作业指导书
5	物理隔离措施已完成	17	设备安装、调试报告
6	设备本体内外部清扫已完成	18	现场实测报告
7	设备盘柜接线规范，端子紧固牢靠	19	施工图纸资料
8	设备外观无损伤	20	出厂验收资料
9	设备部件操作、试运转正常	21	运行维护手册等说明书
10	电缆防火封堵完成	22	设备参数整定单
11	设备专用工器具齐全	23	特种设备的使用许可证已办理
12	设备备品备件齐全	24	……

（3）基建设备具备代管条件后，与厂家或安装调试单位签订代管协议。

2. 责任与义务划分

（1）甲方（委托方）责任与义务。

1）负责对乙方运维人员进行运行维护、操作方面的培训和现场指导。

2）承担所有因设备安装、调试、甲方人员维护不当所发生的安全责任。

3）在设备代管期间，按照施工合同规定对代管范围内的设备遗留问题进行处理和消除缺陷，但必须办理相关手续并经乙方批准后方可进行。

4）在代管设备上所有检修工作都必须办理工作票。

5）一般设备故障，接到乙方运维人员消缺的通知后，应 2h 内赶到现场，24h 内按设备正常运行标准完成缺陷消除，紧急设备故障需要立即处理的，在接到运维人员电话通知后应立即赶到现场，否则按照相关管理制度进行考核。

6）若乙方在巡视等工作中发现代保管区域门被打开，或有人在无票工作，则由此引发的一切责任由甲方负责。未经允许进入代保管区域，未发生后果的处以经济处罚。

7）遇有重大设备操作时，甲方应派相关技术人员到场监护，以便及时处理操作过程中出现的设备故障。

8）在代管设备发生异常的事故处理过程中，应积极配合乙方运维人员进行事故处理，服从乙方运维人员安排，但不得擅自进行设备操作。

（2）乙方（代管方）责任与义务。

1）严格执行"两票三制"，视代管设备如同已移交设备正常管理，承担违反运行操作规程和有关制度规定所发生的安全责任。

2）按规定要求定期对代管设备进行巡视检查和维护，尽可能发现设备本身及安装调试中存在的问题，并委托监理督促甲方尽快完善和消除缺陷，包括代管区域内的土建安装部分。

3）负责办理工作票并负责做好安全防护隔离措施等。

4）负责消缺管理、缺陷统计等工作。

三、基建设备代管交接条件

1. 代管交接条件

（1）代管设备已按合同要求完成所有的试验，设备功能、性能指标、试验数据基本满足要求。

（2）代管设备应有试验报告及重大缺陷处理过程记录，对遗留的重大缺陷应有应对措施和消缺计划。

（3）代管设备的设计、施工、安装和调试过程的图纸、记录等资料应齐全并有效。

（4）代管设备的保护或参数设定值应齐全，并符合规程、规范及现场情况要求，并向运维管理部门提供定值清单。

（5）现场的环境卫生及安全防护应符合要求。

（6）已对生产准备人员进行必要的交底和现场操作培训，取得相应资质，具备代管设备运维管理的能力。

（7）专用工具、隔离和操作等钥匙，以及必要的备品备件已移交，满足正常工作开展。

（8）代管范围、设备已标识，其中设备投运所必需的安全设施、安全标识、设备标识正确完备；代管设备与安装、调试设备已实施有效物理或其他技术隔离，并悬挂相应标示牌；代管区域垃圾已全部清理干净，道路畅通，照明充足，环境卫生及安全防护符合要求。

（9）已编制代管协议，内容包括职责分工、代管设备范围、代管要求、代管设备清单及隔离点清单等。代管协议由业主单位、监理、厂家或安装调试单位三方代表共同签署。

2. 代操作交接条件

（1）机组及辅助设备已按合同要求安装完毕并移交至调试单位。

（2）现场的环境卫生及安全防护应符合要求。

（3）安装单位已对生产准备人员进行必要的交底和现场操作培训。

（4）专用工具、隔离和操作等钥匙齐全。

（5）机组及辅助设备已标识。

四、基建设备代管期间管理要求

1. 总体要求

在基建设备代管过程中，代管方负责代管设备的值守、操作、巡回检查和应急处置；厂家或安装调试单位承担除代管方人员责任以外的全部责任，负责代管设备的维护、消缺工作。

基建设备代管后，即视为运行设备，按照生产设备的管理模式和要求进行管理。

基建设备移交生产后，设备代管工作结束。

2. 人员进出管理

（1）基建设备代管区域与施工区域进行封闭管理，设置牢固且不易移动的防护栅栏、警告标志、隔离标志等，任何人不得随便移除隔离措施。

（2）代管区域应设置适当数量的进出通道，通道口应设置保安或采取必要的管控措施。

（3）厂家及安装调试单位相关人员进入代管区域应具备相应资格，一般由厂家及安装调试单位提交代管区域工作人员清单，安全监察部对清单所列人员进行认证并制发有效证件，人员清单报运维管理部门备案。清单所列人员持证进出代管区域并履行登记手续，清单以外的人员进入代管区域应由持证人员带领，遵守安保相关制度并履行登记手续，开展相应工作时同时要履行工作票相应手续。

3. 工作票和操作票管理

（1）影响到代管设备的任何工作，各参建单位施工负责人工作前必须书面（工作联系单）通知各单位运维管理部门，同意后方可开工。

（2）在代管区域内工作，必须履行工作票手续，工作票由运维管理部门和经运维管理部门审核合格且经批准的厂家及安装调试单位"双签发"。厂家及安装调试单位提交工作票签发人和工作负责人书面申请，并经安全监察部考试合格后发文公布，工作票签发人、工作负责人名单报运维管理部门备案。

（3）基建设备代管期间，工作负责人、工作监护人由厂家及安装调试单位人员担任。工作许可人由运维管理部门运行人员担任。

（4）代管设备隔离、恢复由运维管理部门负责代操作，安装调试单位应与电站运行管理单位签订代操作协议，协议内容应包括双方职责、代操作设备范围等内容。双方在履行相应工作手续（如联系单）后，由被委托方运行人员代为隔离与解除隔离操作。机组调试启动前宜由被委托方运行人员进行启动前检查，重点关注人员是否撤离至安全区域、临时接地线是否已拆除、隔离开关位置、控制方式及优先权切换开关、参数设置、阀门位置是否正确等。

（5）工作票、操作票应在生产管理系统中流转并生成相应票号留存，特殊情况下允许使用手写票，但应在生产管理系统中登记。

（6）工作负责人及工作班成员凭工作票登记后进入代管区域，按照安全文明施工要求开展现场工作。

4. 缺陷管理

代管设备所有缺陷录入生产管理系统管理，并通知监理单位协调厂家或安装调试单位进行消缺，消缺完成后运维人员进行验收。其他事项应执行《设备设施管理办法》和本单位《设备缺陷管理实施办法》。缺陷具体处理流程如下：

（1）任何人员发现缺陷后均应及时告知值长或值守人员。

（2）值长接到报缺通知后及时安排人员检查确认，在生产管理系统中填写报缺单（详细记录缺陷的现象、设备状态、报警等信息），为缺陷定级，将报缺单发送至机电运维班组。

（3）机电运维班班长安排相关设备主人打印缺陷通知单，送至监理单位，监理单位协调厂家或安装调试单位指定消缺负责人进行消缺，缺陷通知单模板见表8-2-2。

表8-2-2 缺 陷 通 知 单

××公司设备缺陷通知单

编号：

报缺单			缺陷等级	
发现时间	××××年××月××日××时××分		发现人	
缺陷描述				
计划完成时间	××××年××月××日××时××分			
接收人		通知人		通知时间	

备注：一式两联，一联由机电运维班留存，另一联由监理留存。

（4）消缺过程严格执行工作票、操作票制度。

（5）消缺完成后，机电运维班安排消缺负责人填写设备缺陷验收单，组织运维管理部门相关人员、厂家及安装调试单位、监理单位对缺陷进行验收，并将消缺记录录入生产管理系统。设备缺陷验收单由机电运维班负责留存保管。设备缺陷验收单模板见表8-2-3。

表 8-2-3　　　　　　　　　设 备 缺 陷 验 收 单

××公司设备缺陷验收单

编号：

报缺单	
发现时间	××××年××月××日××时××分
责任单位		消缺负责人	
完成时间	××××年××月××日××时××分

缺陷处理情况、原因分析及防控措施：（消缺负责人填写）

验收意见	消缺单位	
	厂家及安装调试单位	
	监理单位	
	运维管理部门	

5. 设备隔离点管理

厂家及安装调试单位基建设备代管委托前，需要提交设备代管清单及明确指示隔离区域的图纸，设置有效物理或其他技术隔离，并悬挂相应标示牌。代管区域安保及进出登记工作由公司负责。

代管设备与安装调试设备间的隔离点是关断电、气、水、油的重要保证措施。对一经操作即可送电（气、水、油）至安装、调试及检修设备的重要隔离点由双方各自挂锁管理，各自实行钥匙集中管理，分类编号存放。

运维管理部门编制隔离点清单并附在代管协议中，隔离点措施的安全性由双方现场确认，隔离点由代管双方共同加锁管理，任何一方不得随意改变其运行方式。隔离点运行方式变更调整前应以书面方式通知对方，由代管双方工作人员现场签字确认后，运行人员方可操作，变动情况确认单可参考表 8-2-4；代管区域隔离点增加或隔离点位置变化由代管双方工作人员现场签字确认并附在代管协议中。

表 8-2-4　　　　　　　　代管设备隔离点变动确认单

××公司代管设备隔离点变动确认单

编号：

代管设备	
申请单位	
申请事由	

续表

序号	内容	变动前	变动后
需变动或增设的物理空间隔离点			
1	无		
需变动或增设的系统安全隔离点			
1	例：2 号主变压器空载冷却水进口阀 =2PAD22 AA301	关闭	打开
2	例：2 号机被拖动隔离开关 SBI21	拉开	取消
3	例：2 号机被拖动隔离开关 SBI21 控制电路开关	拉开	合上

影响代管设备运行的注意事项：

经共同检查确认，各方同意对该区域和设备进行代管安全隔离点进行变动或增设，特此确认。		
安装调试单位		年 月 日
监理单位		年 月 日
运维管理部门		年 月 日

执行二次安全措施应填写二次工作安全措施票，由运维管理部门机电运维班组人员执行，厂家及安装调试单位派专人监护和复查。

新设备安装调试，需供电、供气或供水等涉及代管设备时，厂家或安装调试单位应填写申请单履行审批手续，审批表可参考表 8-2-5。

表 8-2-5　　　　　　　　　　　新 设 备 接 入 申 请 单

××公司新设备接入申请单

申请单编号：_____

类型： 送电□ 送气□ 供水□　　　　　　附件（有□无□）

参建调试单位填写	申请人及联系方式		申请单位	
	工作内容、工作范围及设备名称			
	申请工期	××年××月××日××时××分至××年××月××日××时××分		
	设备目前状态确认及对运行系统的要求（本栏填写不下可以用附件）			
		确认已满足基本要求，申请送电□送气□供水□操作。		

续表

参建调试单位填写	设备接入需做的安全措施（明确隔离点、标示牌等）					
	需要运行操作的隔离措施（写明开关、阀门名称及编号）					
	监理（签名）			时间		
运维管理部门填写	接收时间			值长		
	签收意见（明确许可时间）					
执行情况						
	申请人		监理		值长	
延期情况	申请延期			申请人		
	延期原因			值长		
安全措施恢复情况						
	值长			时间		

备注：为打钩选择项目。本申请单一式三份，一份留存运维管理部门，一份留存申请单位，一份留存监理单。

6. 关于设备日常维护工作

代管设备等同于投运设备管理，由运维管理部门进行日常巡回检查、定期试验和轮换、异动、定值管理。

第三节 基建设备移交生产

一、移交验收条件

新机组工程质量符合水电工程相关验收规程、规范要求；新机组已完成考核试运行；机组有关公用与附属设备设施已投运，满足电网安全稳定运行技术要求和调度管理要求；首台机组验收时，已按要求进行大坝安全注册登记或登记备案。

移交生产的设备设施不存在对运行造成威胁的缺陷和隐患。新机组应按照"三同时"的要求开展安全设施标准化建设工作，安全设施标准化建设应符合公司安全设施标准有关规定。

与机组有关的主/副厂房、GIS室、主变压器等部位的消防设施已安装完成，符合设计与规范要求，并通过消防部门验收或许可。

生产管理信息系统（HPMS）与新机组投运有关的功能已上线投运。

二、移交主要内容

在设备移交前，必须对移交设备的试验项目（包括安装试验、分部调试、整组启动调试和试运行的试验报告和数据）进行逐一检查确认和试验结果评价。

（1）移交应包括设备交接、备品备件、专用工器具交接和技术资料等的交接，其中主要包括以下内容：

1）设施设备、备品备件、专用工具移交。

2）技术资料移交：技术资料是设备移交重要组成部分，应包括设计、施工、安装、调试、质检、监理等工程参与单位自检和评价报告、设备安装记录、试验记录、调试报告、质量评定资料、有关工程启动验收设计报告、设计图纸及设计（修改）通知、设备装配制造图、设备或系统运行用图等。

3）电站供货合同、技术服务合同等执行情况的交接检查，项目基建单位应提供设备合同执行情况说明、遗留问题及相关原始资料。

4）需要总结的经验教训、主要遗留问题及整改计划等。

（2）根据以上移交内容由验收组组长牵头，对设备和机组从系统设计开始至试运行结束全过程进行评估，编写机组状态评估报告。机组状态评估报告包括但不限于以下内容：

1）工程项目概况，工程项目是否按设计文件、合同文件等要求全部完成。

2）移交生产设备设施的指标和参数。

3）调试和试验完成情况及相关试验数据。

4）工程设计、设备制造、施工安装和调试阶段曾发生过的缺陷和隐患及其处理情况等。

5）考核试运行的情况。

三、移交验收程序

1. 验收申请

（1）水电新机组考核试运行结束后5日内，水电厂向省公司级单位水电设备（运检）管理部门提交新机组基建移交生产验收申请。

（2）验收申请包括移交生产设备设施清单、计划验收时间、新机组基建移交生产工作开展情况和机组状态评估报告等内容。

（3）省公司级单位水电设备（运检）管理部门对新机组基建移交生产验收申请的各项内容进行审核，审核通过后行文下发关于开展新机组基建移交生产验收的通知，同时向国网水新部备案。

2. 验收准备

（1）新机组基建移交生产验收成立验收专家组，应包括安全管理、运行管理、电气、水机、水工（最后一台机参加）等专业人员，组长由省公司级单位水电设备（运检）管理部门负责人担任，副组长由水电厂分管生产领导担任，成员为省公司级单位水电安全监督部门、基建管理部门和生产管理部门等有关人员。

（2）新机组移交生产验收前，由省公司级单位水电设备（运检）管理部门会同有关部门编制基建移交生产验收检查大纲，并下发水电厂开展自查。

（3）水电厂在验收前应准备以下资料：

1）工程概况：包括工程位置、工程布置、工程规模、工程建设情况、主要设备供货商及参数、电气主接线以及所接入的主电网情况等。

2）新机组基建移交生产的设备设施范围。

3）转入生产的设备设施与基建期设备设施隔离点、隔离措施。

4）新机组设备安装的主要事件：包括水库蓄水、一次设备首次受电、首次冲转及首次并网等过程中出现的主要问题和事件。

5）新机组整体调试的情况：包括试验项目，以及调试过程中出现的主要问题及其解决方案。

6）新机组考核试运行情况：包括启停次数、成功率、运行时间、电量情况、综合效率，以及过程中出现的主要问题及其解决方案等。

7）生产准备及规章制度制定情况。

8）水电工程质量监督总站对新机组的质量监督检查情况：包括新机组移交生产有关的机电工程、土建工程、电气工程、安全管理、运行管理、档案管理等方面的检查情况和结果。

9）新机组启动试运行情况。

10）转入生产的设备设施存在的问题、问题的整改计划，以及对问题的控制措施。

11）转入生产的设备最新图纸、运维手册、试验报告等技术文件。

12）转入生产的设备运维专用工器具及备品备件清单。

3. 现场验收

（1）验收专家组组长主持召开新机组基建移交生产验收启动会，听取水电厂的验收汇报，了解机组安装、调试和试运行情况。

（2）各专业组发现的问题应与水电厂相关人员沟通后形成专业组初步验收意见，明确存在的问题和整改建议。

（3）现场检查结束后，验收专家组召开会议讨论分组验收情况，整理形成专家组初步验收意见。

（4）验收专家组组长主持召开新机组基建移交生产验收反馈会，将初步验收意见向水电厂进行反馈。

（5）省公司级单位水电设备（运检）管理部门会同安全监督部门和基建管理部门对专家组初步验收意见进行审核，并行文下发新机组基建移交生产验收意见书，批复同意机组移交生产，验收意见书包括以下内容：

1）验收中发现的重大问题与整改意见。

2）验收中发现的一般问题与整改意见。

3）验收整改要求。

4）验收结论。

4. 问题整改

（1）水电厂应在新机组基建移交生产验收意见书下发后 15 日内及时制订整改计划，并组织落实。

（2）验收中存在影响机组设备安全运行、威胁人身安全或资金需求量大、治理时间长、协调困难的重大问题，原则上由省公司级单位相关部门牵头落实整改。

（3）省公司级单位水电设备（运检）管理部门在确认水电厂移交验收中的重大问题已解决或制订切实可行的控制措施后，出具新机组移交生产验收报告，同时上报上级单位备案。

四、移交验收大纲管理

新机组移交生产验收大纲将设备验收划分为档案管理、安全管理、运行管理、水工管理、水泵水轮机、发电电动机（电气）、发电电动机（机械）、主变压器、进水阀及闸门、发电机机端设备、GIS 及高压电缆、监控自动化、保护励磁，共计 13 类。

具体验收模块划分如下：

（1）档案管理主要从档案管理体系、档案安全管理、档案整编质量规范、特殊载体档案管理等 4 个模块进行验收。

（2）安全管理主要从组织保障、安全责任、制度措施、安全教育培训、安全监督检查、隐患排查治理、施工作业安全管理、劳动安全防护与作业环境、消防管理、应急管理等 10 个模块进行验收。

（3）运行管理主要从人员配置、两票管理、防误管理、资料管理、生产及调试设备隔离管理、其他方面等 6 个模块进行验收。

（4）水工管理主要从水库大坝、输水系统及厂房、巡视检查与监测分析、防洪度汛、其他方面等 5 个模块进行验收。

（5）水泵水轮机、发电电动机（机械）、进水阀及闸门等机械部件主要从安装验收参数、运行稳定性指标及参数、报告资料完整性查评、重大反事故措施要点、其他影响机组运行的缺陷隐患等 5 个模块进行验收。

（6）发电电动机（电气）、主变压器、发电机机端设备、GIS 及高压电缆等电气部件主要从设备主要试验参数、运行稳定性指标及参数、报告资料完整性查评、重大反事故措施要点、其他影响机组运行的重要事项等 5 个模块进行验收。

（7）监控自动化主要从监控自动化和通信与电力监控 2 个模块进行验收。

（8）保护励磁主要从保护系统、励磁系统、直流系统、SFC 系统等 4 个模块进行验收。

思 考 题

1. 生产准备工作实施过程中应做好哪七方面的管理工作？

2. 生产准备人员应从哪些机构取得哪些证件？

3. 基建设备移交代管需达到哪些要求？

4. 某抽水蓄能电站 2 号机组技术供水系统需全部移交代管，请以建设单位、业主单位、监理单位等多个角色完成全过程模拟，编写过程资料。

5. 简述新机组移交验收流程。

第九章 调度及涉网管理

······

本章概述

本章主要讲述智能电网调度管理体系、抽水蓄能电站并网运行的考核规则及管理要求，以及抽水蓄能电站涉网设备的试验内容及管理要求。介绍智能电网调度控制系统总体架构及四类调度管理应用；能源监管机构对抽水蓄能电站并网运行、辅助服务的考核要求；抽水蓄能电站调速器系统、励磁系统、AGC/AVC 控制系统等设备的涉网试验规范及管理要求。本章包含调度管理体系、调度相关考核要求、涉网试验内容及管理要求等三部分内容。

学习目标

学习目标	
知识目标	1. 能简述电网调度控制系统总体架构。 2. 能简述电网调度控制系统四类应用的功能定位及构成。 3. 能简述抽水蓄能电站并网运行管理的主要考核项目及要求。 4. 能简述抽水蓄能电站辅助服务管理的主要考核项目及要求。 5. 能简述抽水蓄能电站调速器系统涉网试验内容及管理要求。 6. 能简述抽水蓄能电站励磁系统涉网试验内容及管理要求。 7. 能简述抽水蓄能电站 AGC/AVC 系统相关试验内容及管理要求。
技能目标	—

第一节 调度管理体系

一、系统总体框架要求

智能电网调度控制系统的主调系统和备用系统采用完全相同的系统体系框架，具有相同的功能，并实现主、备调的一体化运行。横向上，调度系统内通过统一的基础平台实现各类应用的一体化运行，以及与管理信息系统的交互，实现主、备调间各应用功能的协调运行，以及主备调系统维护与数据的同步。纵向上，通过基础平台实现各级调度控制系统间的一体化运行和模型、数据、画面的维护与系统共享，实现厂站与调控中心之间、各调控中心之间的数据采集和交换。智能电网调度控制系统总体框架应满足 GB/T 31464—2022《电网运行准则》的要求。多级调度（以三级为例）的智能电网调度控制系统总体框架如图 9-1-1 所示。

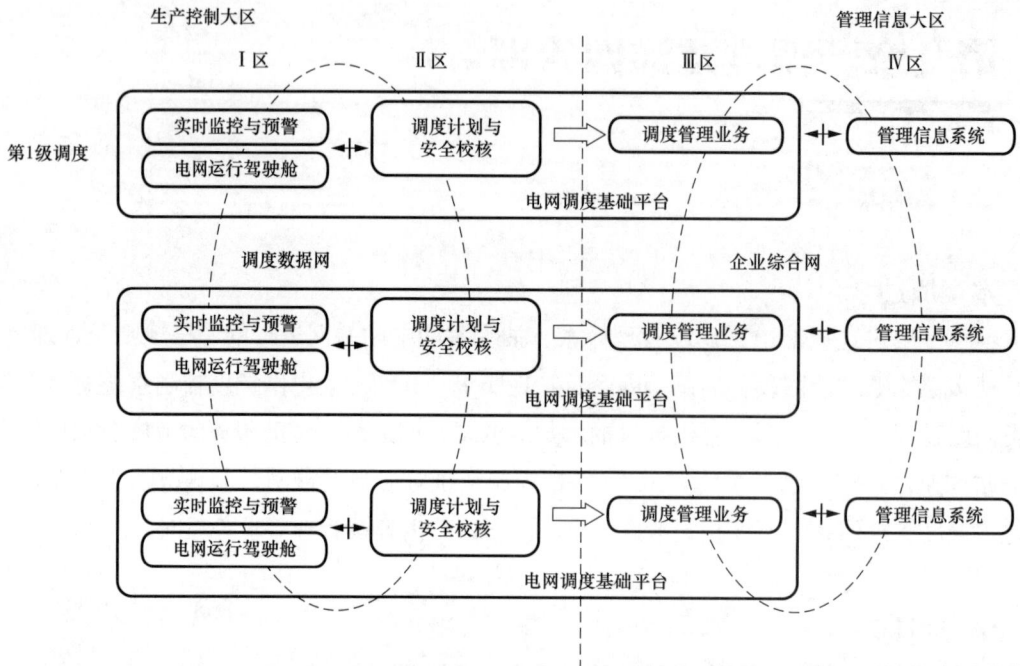

图 9-1-1　多级智能电网调度控制系统总体框架

二、系统总体框架组成

智能电网调度控制系统由基础平台，以及实时监控与预警、调度计划与安全校核、调度管理四类应用组成。各类应用建立在统一的基础平台之上，基础平台为各类应用提供模型、数据、案例（CASE）、网络通信、人机界面、系统管理以及分析计算等服务，基础平台负责为各类应用的开发、运行、通信和管理提供通用的技术支撑，为整个系统的集成和高效可靠运行提供保障。

（1）实时监控与预警类应用向其他三类应用提供电网实时数据、历史数据和断面数据等。同时从调度计划类应用获取发电计划和交换计划数据，从安全校核类应用获取校核断面的越限信息、重载信息、灵敏度信息等校核结果数据，从调度管理应用获取设备原始参数和限额信息等。

（2）调度计划类应用将预测数据、发电计划、交换计划、检修计划等数据提供给实时监控预警类应用、安全校核类应用和调度管理类应用。同时从实时监控与预警类应用获取历史符合信息、水文信息，从调度管理类应用获取限额信息、检修申请等信息，从实时监控与预警类应用获取电网拓扑潮流等实时运行信息，并通过调用安全校核类应用提供的校核服务，对调度计划进行多角度的安全分析与评估，将通过校核的调度计划送到实时监控与预警类应用，用于电网运行控制。

（3）安全校核类应用将越限信息、重载信息、灵敏度信息、稳定信息等校核结果提供给其他各类应用。同时从调度计划类应用获取母线负荷预测、发电计划、交换计划、检修计划等，从实时监控与预警类应用获取实时数据、历史数据以及实时的研究方式。

（4）调度管理类应用将电力系统设备原始参数、设备限额信息、检修申请等提供给其他各类应用。同时从实时监控与预警类应用获取实时数据和历史数据，从调度计划类应用获取预测结果、发电计划、交换计划、检修计划等。

第二节　调度相关考核要求

一、电力辅助服务管理

并网主体提供的基本辅助服务不予补偿。并网主体因自身原因不能提供基本辅助服务或者提供的基本辅助服务不达标，需接受相应考核。并网主体提供的有偿辅助服务给予补偿。并网主体因自身原因，有偿辅助服务不能被调用或者达不到预定调用标准时需接受相应考核。

（1）有偿一次调频补偿。发电侧并网主体、新型储能一次调频动作方向正确，处于一次调频动作效果考核范围，实际动作积分电量超过理论动作积分电量70%。

（2）自动发电控制补偿。具备AGC功能且投运，能够实时调整发电出力，以满足电力系统频率和联络线功率控制要求的服务。

（3）低频调节补偿。频率低于49.933Hz时，发电侧并网主体、新型储能综合利用各种频率调节方法，短时快速增加发电出力，1min内增发电量超过一次调频理论积电量的80%。发电侧并网主体功率采用周期应达到每秒25点以上，未能达到采用精度的，由于一次调频实际动作积分电量计算不够精确，不予补偿。

（4）稳定切机补偿。完成稳定切机功能试验并按照电力调度机构要求投入跳闸运行，用于提高电网重要输电断面送电能力。若用于提高发电侧并网主体自身升压变压器送出线路送电能力的，则不予补偿。

（5）黑启动补偿。发电侧并网主体、新型储能具备黑启动能力，完成黑启动试验，纳入电网黑启动方案。

二、电力并网运行管理

1. 运行管理

（1）违反调度纪律考核。

（2）曲线偏差考核。并网主体应严格执行相应电力调度机构制订的发电、充放电计划曲线、现货出清曲线、实施调度曲线，发生曲线偏差超出允许范围的。

（3）一次调频考核。

1）未具备功能考核。发电侧并网主体、新型储能未具备一次调频功能。

2）技术指标不达标考核。具有相关试验资质单位出具的一次调频试验报告中，调差系数、投用范围、响应时间未达标。

3）未投运考核。发电侧并网主体并网允许时，一次调频未投运。

4）动作效果未达标考核。发电侧并网主体一次调频动作效果未达标。

5）传送虚假信号考核。发电侧并网主体传送虚假一次调频投运信号的。

6）免考核情形。并网过程中，水电机组自并网运行时点至最低技术出力后 15min；发电机组停机过程中，从机组降参数至解列。并网主体发电出力已达到最大值，一次调频仍要求加出力；并网主体发电出力已达到最小值，一次调频仍要求减出力。

（4）非计划停运考核。

1）突然跳闸考核。正常运行的发电侧并网主体发生跳闸。

2）强迫停运考核。发电侧并网主体因自身原因发生停运，并事先向电力调度机构申报。

3）并网超时考核。发电侧并网主体未能在电力调度机构下导的并列时间前后 1h 内并网发电。

4）未恢复并网运行考核。发电侧并网主体未能在突然跳闸或者强迫停运 48h 内恢复并网允许，且未获电力调度机构认可转调停或者检修的。

5）解列超时考核。发电侧并网主体未能在电力调度机构下达的解列时间前后 1h 内完成机组解列操作。

6）迎峰度夏、迎峰度冬期间，突然跳闸、强迫停运、并网超时考核中非计划停运考核力度加大。电力供应保障压力大、缺煤停机多等特殊保供时期（具体时间由电力调度机构报告相应能源监管机构后发布），非计划停运考核力度加大。

（5）检修考核。

1）检修管理考核。发电侧并网主体发生擅自改变检修工作内容、临时取消计划检修、未在规定时间内办理延期手续、办理延期申请超过一次、重复检修停电等情形。

2）计划检修超期考核。发电侧并网主体计划检修时间超过批准时间。

3）临时检修超期考核。发电侧并网主体临时检修超过允许时间。

电力供应保障压力大、缺煤停机多等特殊保供时期（具体时间由电力调度机构报告相应能源监管机构后发布），计划检修超期、临时检修超期考核中检修超期考核力度加大。

2. 考核实施

并网运行考核的依据包括但不限于电力调度机构制订的发电计划、检修计划、电压曲线，电力调度机构的能量管理系统（EMS）、机组调节系统运行工况在线上传系统、广域测量系统（WAMS）等调度自动化系统的实时数据、电能量采集计费系统的电量数据、当值调度员的调度录音记录、保护启动动作报告及故障录波报告。

同一事件适用于不同考核条款的，不重复考核，执行考核费用最大的一款。

3. 免考管理

（1）免考具体情形。

1）曲线偏差免考核情形：

a. 值班调度员修改发电计划曲线的，修改后的发电计划曲线应提前15min下达给发电侧并网主体，不足15min下达的发电计划曲线，自下达时刻起15min内免除发电计划曲线考核。

b. 发电侧并网主体参与所在控制区频率或者联络线偏差调节控制。

c. 发电侧并网主体被临时指定提供调峰和调压服务而不能按计划曲线运行。

d. 线路系统事故、机组跳闸等紧急情况，机组按照调度指令紧急调整出力。

e. 电网频率高于50.10Hz而机组有功出力越下限，或当电网频率低于49.90Hz而机组有功出力越上限。

f. 机组进行与出力调整有关的试验期间。

g. 电网频率异常时，一次调频动作引起的机组出力调整。

h. 机组发生非计划停运导致偏离发电计划时，纳入机组非计划停运考核，免于发电计划曲线考核。

2）母线电压合格率免考核情形：

a. 发电侧并网主体已经按照机组最大无功调节能力提供无偿或有偿无功服务，但母线电压仍然不合格，或者发电侧并网主体停机时，该时段不计入不合格点。

b. 发电侧并网主体的AVC装置与电力调度机构主站AVC装置联合闭环在线运行，则不进行母线电压月合格率考核。

c. AVC按调度要求退出期间，机组AGC指令在无功考核对应有功临界点上下瞬时波动时，在15min以内的因无功进相深度短时达不到要求的时间点予以免考。

3）非计划停运免考情形：

a. 非自身原因导致的非计划停运，包括电网设备故障导致的非计划停运、因供水或供气管道等设备被外力损坏导致的非计划停运、稳控装置动作切机导致的非计划停运等。

b. 在负荷低谷时段或调峰困难时段，机组发生强迫停运后，经电力调度机构同意，在批准工期内进行消缺，不进行强迫停运考核。

c. 因电网原因导致机组原定计划检修推迟的，推迟期间机组发生的非计划停运。

d. 机组在检修调试期间发生非计划停运，免予考核。

（2）免考申请流程。电厂侧专业管理人员应定期查看电力并网运行管理技术支持系统生成的各并网主体各项并网运行考核情况。核对电厂侧相关数据是否与技术支持系统考核数据一致、现场实际情况是否符合免考情况。如现场实际情况符合上述的免考情形，电厂专业管理人员应及时在电力并网运行管理技术支持系统填写免考申请，并联系电力调度机构相关专业管理人员。

第三节　涉网试验内容及管理要求

一、调速器系统相关要求

1. 调速器建模的内容与要求

（1）调速器建模试验内容。

1）静态试验。静态试验的目的是进相调节系统、执行机构的实测建模。

2）负载试验。负载试验的目的是进相原动机的实测建模，以及实测机组对频率扰动的闭环响应特性。

（2）调速器建模试验原则。

1）对调节器、随动系统、水轮机及引水系统宜分别建模、测试以及辨识、验证。

2）调节器、随动系统的参数实测试验应在无水或静水状态下进行。

3）水轮机及引水系统的参数实测试验应在负载试验中进行，试验工况应包括 60% 额定负荷及以上的典型运行工况，但应避开振动区等非推荐运行工况点。

2. 一次调频作用与要求

（1）一次调频作用。水轮机调节系统的基本功能，在发电运行过程中，当系统频率变化超过调速器的频率 / 转速死区时，水轮机调节系统将根据频率静态特性（调差特性）所固有的能力，按整定的调差率 / 永态转差系数自行改变导叶开度，从而引起机组有功的变化，进而影响电网频率的调节过程。

（2）一次调频死区。水电机组一次调频死区设置应不超过 $\pm 0.05 \mathrm{Hz}$。

（3）永态差值系数。水电机组永态差值系数应满足下列要求：

1）开度调节模式下，永态差值系数 b_p 应不大于 4%。

2）功率调节模式下，永态功率差值系数（调差率）e_p 应不大于 3%。

（4）一次调频限幅。频率 / 转速阶跃扰动试验中，水电机组一次调频动态性能应满足下列规定：

1）非额定有功功率工况下，水电机组参与一次调频的调频负荷变化幅度应不设限制，超出适用条件的，应对一次调频功率进行限制，一次调频功率变化幅度应不小于 10% 额定有功功率。

2）机组额定有功功率运行时应参与一次调频，增负荷方向一次调频功率变化幅度应不小于 8% 额定有功功率，减负荷方向一次调频功率变化幅度应不设限制。

3）水头不足导致机组功率无法达到额定有功功率工况的，机组最大出力下增负荷方向一次调频调节幅度应不小于 8% 额定有功功率。

二、励磁系统相关要求

1. 励磁系统设备技术要求

应提供与设备相符的数字模型、参数（包括自动电压调节器、励磁系统功率设备、电力系统稳定器、调差、低励限制、过励限制、伏赫限制等各环节）和励磁设备技术数据。

调节器的设置值应以十进制表示，时间常数以秒表示，放大倍数和限幅值以标幺值表示，并说明标幺值的基准值确定方法。

采用基于晶闸管三相全控桥的整流器应采用余弦移相，余弦移相算法宜考虑整流桥交流侧电压变化以保证在不同工况下静态增益均为恒定值。

励磁调节器应在定型生产前完成环节正确性检查，并提供相应的技术支撑文件，否则应通过环节特性测辨方法确认 PID 和反馈控制环节的模型参数。

2. 励磁系统模型定型测试要求

在设计、型式试验阶段应进行产品数学模型参数的确认，设备应通过产品技术鉴定，在励磁系统现场投产前应按照 DL/T 1391—2014《数字式自动电压调节器涉网性能检测导则》的要求在有资质第三方进行励磁控制器模型参数测试验证合格，并提供完整的涉网性能测试报告。

励磁系统模型参数第三方测试校核应包括（但不限于）：

（1）电压调节器（AVR）模型、参数校核。

（2）电力系统稳定器模型、参数校核。

（3）调差环节模型、参数校核。

（4）主要限制环节功能与作用于主控制环方式验证。

现场采用的励磁控制器软件版本应与第三方测试合格时的软件版本一致，软件升级前应提供附加测试合格报告，并说明升级理由和内容，必要时重新进行现场建模试验。

三、电力系统稳定器作用

电力系统稳定器（PSS）是一种附加控制装置，借助自动电压调节器控制同步电机励磁，抑制电力系统功率振荡，输入变量可以是转速、频率、功率等单变量，也可以是这些单变量的综合。水轮发电机应首先选用无反调作用的 PSS，例如加速功率信号或转速（或频率）信号的 PSS，其次选用反调作用较弱的 PSS，如有功功率和转速（频率）双信号的 PSS。

四、自动发电控制作用与要求

自动发电控制是指电网调度中心通过水电厂计算机监控系统作用于水轮机调节系统，从而控制机组开/停机、自动增/减目标有功功率指令，进而改变水电厂或机组的有功功率来满足电力系统的需要。水电厂自动发电控制是电力系统自动发电控制的一个子系统，主要包括负荷成组控制及紧急事故支援两部分。

1. 负荷成组控制

以电站为一调控单元，根据电站总有功负荷指令，自行计算分配机组负荷，自动进行机组启停控制，以满足电网对电站的负荷需求。抽水蓄能负荷成组控制是实现电网与抽水蓄能电站为调控单元的系统，在规划建设过程中，应采用与电站监控系统紧耦合的软硬件平台，按照规范要求进行功能架构及功能设计。

负荷成组控制系统应采用模块式的软件架构，并具有如下功能：

（1）控制权限及控制方式。

（2）负荷调控方式和切换跟踪处理。

（3）负荷指令计算和分配。

（4）机组启停控制。

（5）抽水拖动选择。

（6）电网紧急事故支援功能。

（7）系统故障安全。

（8）电站负荷成组控制计算处理周期应不大于 250ms。

2. 紧急事故支援

当电网发生功率失却、系统频率严重低于正常范围时，由电网主站侧远方紧急支援控制系统根据电网运行情况，调用抽水蓄能电站按可支援容量，实现远方紧急支援，以快速恢复电网频率的功能。

紧急事故支援是当电网系统频率严重低于正常范围时的电网调控手段，是通过调控抽水蓄能电站可支援容量，实施对电网紧急功率支援，紧急事故支援是成组负荷控制的扩展功能。紧急事故支援是电站成组负荷控制附加功能模块，可设置开关投退。紧急事故支援功能要求电站成组控制运行在"自动"模式下。

五、自动电压控制系统作用

自动电压控制系统（AVC）是指应用于计算机系统、通信网络和可调控设备，根据电网实时运行工况在线计算控制策略，自动闭环控制无功和电压调节设备，以实现合理的无功电压分布。

自动电压控制系统（AVC）分为主站和子站，其中 AVC 主站安装于各级电力调度机构的计算机系统及软件，用于完成自动电压控制分析计算和优化，并发出控制调节指令，同时接收 AVC 子站的反馈信息。AVC 子站安装在电厂的就地无功电压控制装置及软件，用于接收 AVC 主站的控制调节指令并执行，也可以进行站内无功电压控制决策，并完成就地控制，并向 AVC 主站回馈信息。

六、发电机进相试验内容及要求

1. 进相试验内容

进行发电机不同有功功率下的进相能力测试，要求发电机功角、机端电压、端部铁芯和金属结构件温度、高/低压厂用电源母线电压、主变压器高压侧母线电压应在 GB/T 7064—2017《隐极同步发电机技术要求》、GB/T 7894—2023《水轮发电机基本技术要求》、DL/T 5153—2014《火力发电厂厂用电设计技术规程》及试验电厂运行规程规定的范围内。

应在实测的进相能力范围内，整定励磁调节器低励限制曲线，应检验欠励限制器动作值，校核欠励限制器的动态稳定性。

2. 进相试验原则

（1）根据 GB/T 28566—2012《发电机组并网安全条件及评价》规定，接入电网的同步发电机应按照电网运行要求进行进相试验。

（2）当下列条件发生变化时，应重新进行进相试验：

1）发电机组增容或通风等冷却系统改造后。

2）发电机组接入电网方式等运行条件发生重大改变时。

3）励磁系统涉及低励限制功能的升级、改造后，应进行进相深度限制值及低励限制功能的校核试验。

4）进相试验宜在系统电压较高的运行方式下进行。

5）机组进相试验前应按照 DL/T 1523—2023《同步发电机进相试验导则》、DL/T 1040—2007《电网运行准则》中的相关规定及电网需求编制试验方案。

6）发电机各部分温度（重点是端部铁芯及结构件）限制值应符合 GB/T 755—2019《旋转电机定额和性能》和试验电厂机组运行规程，必要时在相关位置预埋测温点。

7）发电机进相深度限制值应与发电机失磁保护定值相配合，即发电机进相运行时不应进入发电机失磁保护动作区。

8）进相试验宜在发电机自带厂用电源的方式下进行，系统有特别要求的电厂可考虑在自带厂用电和备用电源两种方式下分别进行试验。

9）进行试验应在自动电压调节（AVR）方式下进行，根据进相试验的结果，整定励磁调节器低励限制曲线。

思　考　题

1. 简述智能电网调度控制系统基础平台与四类应用之间的逻辑关系。
2. 简述智能电网调度控制系统四类应用之间的逻辑关系。

3. 简述电力辅助服务管理中关于抽水蓄能电站的补偿条款。

4. 简述抽水蓄能电站机组并网运行管理考核条款及免考情形。

5. 简述抽水蓄能电站机组调速器一次调频试验内容及要求。

6. 简述抽水蓄能电站机组励磁系统 PSS 试验内容及要求。

7. 简述抽水蓄能电站 AGC/AVC 系统相关试验内容及管理要求。

第十章　电力技术监督管理

本章概述

在电力工程建设和生产运行全过程中，对相关技术标准执行情况进行检查；对电力设备设施和系统安全、质量、环保、经济运行有关的重要参数、性能指标开展检测和评价等。

本章包含电力技术监督组织机构职责及管理要求、相关监督的基本内容、全过程技术监督精益化管理基本要求等三部分内容。

学习目标

学习目标	
知识目标	1. 能简述电力技术监督组织机构的职责及管理要求。 2. 能简述电力技术监督的专业类别及基本内容。 3. 能知道全过程技术监督精益化管理基本内容。 4. 能简述常用的标准规范。
技能目标	—

第一节　电力技术监督组织机构的职责及管理要求

电力技术监督是在电力工程建设和生产运行全过程中，对相关技术标准执行情况进行检查，对电力设备设施和系统安全、质量、环保、经济运行有关的重要参数、性能指标开展检测和评价等。

一、电力技术监督组织机构及管理职责

电力技术监督实行三级监督管理体系，分别为技术监督领导小组、办公室和执行层。

（1）技术监督领导小组：成立由公司分管领导（或总工程师）任组长的技术监督领导小组，作为公司技术监督工作的领导机构。成员由各相关部门主要负责人组成。

1）贯彻落实各级技术监督有关方针政策、法律法规、规程规范、制度标准等。

2）组织、安排、督促公司所属各部门落实公司技术监督办公室下发的预警、告警单和有关技术监督工作要求。

3）协调解决公司技术监督工作中的重大问题。

4）组织公司技术监督自查工作。

5）批准公司技术监督年度工作计划、总结、报表、重要技术监督文件。

6）批准公司技术监督工作考核评比结果。

7）批准公司技术监督网络。

（2）技术监督办公室：领导小组下设技术监督办公室（简称办公室），设在技术监督管理部门，办公室主任由部门负责人兼任，在技术监督领导小组的领导下负责公司技术监督日常管理工作。成员由各部门相关负责人及有关人员组成。

1）负责公司技术监督日常管理工作。

2）组织编制公司技术监督年度工作计划、总结、报表、重要技术监督文件。

3）按时报送技术监督工作的有关工作计划、季报、工作总结；组织审查外委单位的试验检测报告。

4）应及时向公司监督领导小组报告在监督工作中发现的设备设施重大异常或事故。

5）审批、发布公司管理的技术监督预警、告警，并做好闭环整改。

6）编制公司专业技术监督培训计划，组织并参加上级部门的技术监督培训和各种形式的内部培训。

7）对公司各专业技术监督工作开展情况提出考评意见，报领导小组审批。

8）组织召开公司技术监督工作会议，向公司技术监督领导小组、上级单位技术监督办公室汇报公司技术监督工作开展情况。

（3）技术监督执行层：具体执行技术监督工作的人员，成员由相关专业人员组成。

1）在日常专业技术管理工作中，落实验收移交、运维检修、退役报废等阶段技术监督的相关规定和要求。

2）根据实际生产情况和各项生产指标，研究拓展技术监督工作的范围和内容，并在具体技术监督工作中实施。

3）掌握本单位设备设施的运行情况、事故和缺陷情况，对于发现的设备缺陷要及时消除，达不到监督指标的，提出具体改进措施，按要求完成本单位设备设施技术监督自查工作。

4）做好各项监督试验的管理工作，及时录入各技术监督试验数据，确保监督数据真实可信。

5）负责落实技术监督年度工作计划，以及技术监督办公室下发的预、告警单和有关技术监督工作要求。

二、电力技术监督管理要求

技术监督工作应贯彻落实"安全第一、预防为主、综合治理"的方针，遵循依法监督、统一制度、统一标准、分级管理、专业归口的原则，按全过程、闭环管理方式开展工作。

技术监督工作以提升设备设施全过程管理水平为中心，在专业技术监督基础上，以设备设施为对象，依据技术标准和预防事故措施，并充分考虑实际情况，采用检测、试验和抽查等多种手段，全过程、全方位、全覆盖地开展监督工作。

技术监督工作实行统一制度、统一标准、统一流程、依法监督和分级管理的原则，坚持技术监督管理与技术监督执行分开、技术监督与技术服务分开、技术监督与日常设备管理分开，坚持技术监督工作独立开展。

公司应成立技术监督管理机构和技术监督三级管理网络。三级网络负责人应具备较高的专业技术水平和管理经验，技术监督人员应具有本专业的理论知识和实践经验，熟练掌握本专业技术监督规定。专业技术监督人员应保持相对稳定。

全过程技术监督应贯彻执行技术监督预（告）警和跟踪制度、技术监督报告制度、技术监督定期检查和动态管理制度。

技术监督试验数据记录应真实、准确，记录内容应规范、完整，使用专业术语。

技术监督工作要加强对技术监督人员的培训，实行持证上岗，促进技术监督队伍整体水平的提高。

第二节　电力技术监督的基本内容

一、技术监督的专业类别

按照系统内技术监督划分安排，技术监督工作从专业上划分为电能质量、电气设备性能、化学、节能、环境保护、电测、信息与电力通信、金属、热工、自动化、保护与控制、水机、水工、土建等共十四个专业。

二、技术监督的基本内容

（一）电能质量监督

频率偏差、电压偏差、谐波和间谐波、电压波动和闪变、三相电压不平衡、电压暂降与短时中断等是否满足相关标准要求；开展电能质量事故分析；督促电能质量事故防控措施的制订和落实。

（二）电气设备性能监督

电气设备的绝缘强度（包括外绝缘防污闪）、通流能力、过电压保护及接地系统，包括对变压器、电抗器、组合电器、断路器、互感器、避雷器、耦合电容器、串/并联电容器、输电线路、电力电缆、接地装置、发电机、调相机、电动机、封闭母线、高压直流输电换流设备、晶闸管等电气设备的技术监督。

（三）化学监督

水、油、气、生产用各种药品质量，化学仪表管理，电气设备的化学腐蚀；开展化学事故分析；督促化学事故防控措施的制订和落实。

（四）节能监督

电站设备电能综合效率，发电机（电动机）效率，厂用电率，机组耗水率及经济运行，水库优化调度，新技术应用。

（五）电测监督

电测量仪表及装置、变换设备、电能计量装置及其二次回路、用电信息采集终端等各类电测量设备量值传递和溯源体系的完整性、规范性；电测计量设备质量监督和校验周期监督。开展电测事故分析；督促电测事故防控措施的制订和落实。

（六）信息与电力通信监督

光纤通信系统（包括光缆、光传输设备、网络管理系统），电力线载波通信系统，微波通信系统（包括微波通信设备及天馈线系统），通信电源系统，电话交换系统（包括交换设备及终端设备），电力调度通信系统及电力调度交换机、汇接机、调度录音设备和厂内通信系统，电力通信网监控及网管系统主站及采集终端，信息安全等。

（七）金属监督

设备的金属线材、金属部件及结构件、电瓷部件、压力容器和承压管道及部件、主要转动部件，以及辅助材料的材质、组织和性能变化分析、安全和寿命评估；焊接材料、焊缝的质量，部件、焊缝和材料的无损检验；开展金属事故分析；督促金属事故防控措施的制订和落实。

（八）热工监督

压力、温度、流量、重量、转速、振动检测装置的检验率、调前合格率，热工计量标准装置的准确率，自动调节、控制、显示、保护、连锁设备和系统的投入率、动作正确率。

（九）自动化监督

各类检测元件，如温度、压力、压差、液位、流量、振动、转速、位移及特殊参数测量仪表、装置、变换设备及回路计量性能，以及其量值传递和溯源；监控系统；可编程控制系统（PLC）；调速系统和自动调节系统（含 AGC 及一次调频）及其性能；水电自动化保护装置及系统；数字式电液控制系统；现场阀门执行机构等；开展水电自动化事故分析；督促水电自动化事故防控措施的制订和落实。

（十）保护与控制监督

继电保护装置、系统安全自动装置选型和配置的完好率及其投入率、动作正确率；直流系统；静止无功补偿装置等各类电力电子设备控制系统；智能站合并单元、智能终端、光通道；上述设备定检试验情况的检查；开展继电保护事故分析；督促继电保护事故防控措施的制订和落实。发电机励磁系统性能及指标、整定参数和运行可靠性；开展励磁事故分析；督促励磁事故防控措施的制订和落实。

（十一）水机监督

水轮机转轮、导水机构、蜗壳、顶盖、尾水管、主轴与轴承、调速系统、机组状态监测系统；过速、事故低油压、轴承瓦温等水机保护投入率及动作率、状态监测系统测点完好率；转轮特性、导水机构等特性。开展水轮机事故分析；督促水轮机事故防控措施的制订和落实。

（十二）水工监督

水电站水库、大坝及其引（泄）水建筑物和设施、两岸边坡、闸门等。开展水工事故分析；督促水工事故防控措施的制订和落实。

（十三）环境保护监督

生态保护、水土保持、坝区水质、饮用水质、水生生物、废水排放、照度、空气质量、噪声、施工扬尘、固体废弃物、工频电磁环境、厂房（包括地下洞室）采暖通风与空气调节。

（十四）土建监督

明挖施工、坝基开挖及处理施工、趾板混凝土工程施工、堆石坝坝体填筑施工、混凝土面板工程施工、面板接缝止水施工、坝前黏土铺盖施工、砌石施工、岩壁梁岩台开挖施工、平洞开挖施工、竖井开挖施工、斜井开挖施工、锚喷支护施工、预应力锚索支护施工、平洞衬砌混凝土施工、井式洞衬砌混凝土工程施工、地下厂房钢筋混凝土岩壁梁施工、框架结构混凝土工程施工、地下厂房蜗壳层以下混凝土工程施工、钢管制作施工、钢管安装施工、钢管段衬砌混凝土施工、进出水口混凝土施工、钢筋混凝土防浪墙施工、水泥灌浆施工、钢筋混凝土电缆沟施工、砖砌电缆沟施工、沟盖板施工、混凝土路面面层施工、建筑与装修工程施工、平面闸门安装施工、固定卷扬机启闭安装施工、液压启闭机安装施工、拦污栅安装施工。这些施工技术监督的主要要点是工程施工阶段各工程施工工艺是否满足各项强调、标准、规程规范及反措的要求。

三、技术监督的基本要求

技术监督工作应建立动态管理、预警和跟踪、告警和跟踪、报告、例会等五项制度。

（一）动态管理制度

技术监督办公室根据科技进步、电网发展以及新技术、新设备应用情况，按年度对技术监督工作的内容、方式、手段进行拓展和完善，提高各专业技术监督工作的水平，做到对各类设备的有效、及时监督。

（二）预警和跟踪制度

技术监督办公室在全过程、全方位开展技术监督工作的基础上，结合对设备的运行指标分析、评估、评价，针对技术监督工作过程中发现的具有趋势性、苗头性、普遍性的问题及时发布技术监督工作预警单，并跟踪整改落实情况。

技术监督工作预警单由各级技术监督执行单位组织专家编制并签字确认，经技术监督办公室审批盖章后，及时向相关单位和部门进行发布。预警单发布后 10 个工作日内，由主管部门组织相关单位向技术监督办公室提交反馈单。

（三）告警和跟踪制度

技术监督办公室在监督中发现设备存在严重缺陷或隐患、技术标准或反措执行存在重大偏差等严重问题，应立即向设备运行维护单位发布设备告警报告，使运行维护单位及时了解设备健康状况和存在的缺陷，及时采取有效措施加以消除，预防设备事故的发生。应及时发布技术监督工作告警单，并跟踪整改落实情况。

技术监督工作告警单由各级技术监督执行单位组织专家编制并签字确认，经技术监督办公室审批盖章后，及时向相关单位和部门进行发布。告警单发布后 5 个工作日内，由主管部门组织相关单位向技术监督办公室提交反馈单。

（四）报告制度

每一项具体技术监督工作都应形成技术监督报告，由工作负责人和执行单位签字盖章，在监督结束后一周内上报技术监督办公室。

技术监督报告应包括技术监督项目、工作时间、地点、应用指标标准、实际检测结果、存在问题及原因分析、措施与建议、监督结论等内容，并由工作负责人和执行单位签字、盖章，按规定格式和时间如实上报。

（五）例会制度

技术监督办公室每季度组织召开由办公室成员参加的季度例会，听取各相关部门工作开展情况汇报，协调解决工作中的具体问题，提出下阶段工作计划。必要时临时召集相关会议。

第三节　全过程技术监督精益化管理基本内容

一、技术监督全过程的十个阶段

设备技术监督要实现对技术管理的全覆盖，技术管理到哪里，技术监督就要到哪里。

技术监督全过程管理包含规划可研、工程设计、设备采购、设备制造、设备验收、设备安装、设备调试、竣工验收、运维检修、退役报废等十个阶段。

技术监督应贯穿整个寿命周期全过程，对电力设备的健康水平和安全、质量、经济运行方面的重要参数、性能和指标，以及生产活动过程进行监督、检查、调整及考核评价。

二、技术监督各阶段具体内容及管理要求

（一）规划可研阶段

规划可研阶段是指工程设计前进行的可研及可研报告审查工作阶段。本阶段技术监督

工作由各级发展部门组织技术监督实施单位监督并评价规划可研工作是否满足国家、行业和公司有关可研规划标准、设备选型标准、预防事故措施、差异化设计、环保等要求。各级发展部门应组织各级经研院（所）将规划可研阶段的技术监督工作计划和信息及时录入管理系统。

（二）工程设计阶段

工程设计阶段是指工程核准或可研批复后进行工程设计的工作阶段。本阶段技术监督工作由各级基建部门组织技术监督实施单位监督并评价工程设计工作是否满足国家、行业和公司有关工程设计标准、设备选型标准、预防事故措施、差异化设计、环保等要求，对不符合要求的出具技术监督告（预）警单。各级基建部门应组织各级经研院（所）将工程设计阶段的技术监督工作计划和信息及时录入管理系统。

（三）设备采购阶段

设备采购阶段是指根据设备招标合同及技术规范书进行设备采购的工作阶段。本阶段技术监督工作由各级物资部门组织技术监督实施单位监督并评价设备招、评标环节所选设备是否符合安全可靠、技术先进、运行稳定、高性价比的原则，对明令停止供货（或停止使用）、不满足预防事故措施、未经鉴定、未经入网检测或入网检测不合格的产品以技术监督告（预）警单形式提出书面禁用意见。各级物资部门应组织各级电科院（地市检修分公司）将设备采购阶段的技术监督工作计划和信息及时录入管理系统。

（四）设备制造阶段

设备制造阶段是指在设备完成采标采购后，在相应厂家进行设备制造的工作阶段。本阶段技术监督工作由各级物资部门组织技术监督实施单位监督并评价设备制造过程中订货合同和有关技术标准的执行情况，必要时可派监督人员到制造厂采取过程见证、部件抽测、试验复测等方式开展专项技术监督，对不符合要求的出具技术监督告（预）警单。各级物资部门应组织各级电科院（地市检修分公司）将设备制造阶段的技术监督工作计划和信息及时录入管理系统。

（五）设备验收阶段

设备验收阶段是指设备在制造厂完成生产后，在现场安装前进行验收的工作阶段，包括出厂验收和现场验收。本阶段技术监督工作由各级物资部门组织技术监督实施单位在出厂验收阶段监督并评价设备制造工艺、装置性能、检测报告等是否满足订货合同、设计图纸、相关标准和招投标文件要求；在现场验收阶段，监督并评价设备供货单与供货合同及实物一致性，对不符合要求的出具技术监督告（预）警单。各级物资部门应组织各级电科院（地市检修分公司）将设备验收阶段的技术监督工作计划和信息及时录入管理系统。

（六）设备安装阶段

设备安装阶段是指设备在完成验收工作后，在现场进行安装的工作阶段。本阶段技术监督工作由各级基建部门组织技术监督实施单位监督并评价安装单位及人员资质、工艺控制资料、安装过程是否符合相关规定，对重要工艺环节开展安装质量抽检，对不符合要求的出具技术监督告（预）警单。各级基建部门应组织各级电科院（地市检修分公司）将设备安装阶段的技术监督工作计划和信息及时录入管理系统。

（七）设备调试阶段

设备调试阶段是指设备完成安装后，进行调试的工作阶段。本阶段技术监督工作由各级基建部门组织技术监督实施单位监督并评价调试方案、参数设置、试验成果、重要记录、调试仪器设备、调试人员是否满足相关标准和预防事故措施的要求，对不符合要求的出具技术监督告（预）警单。各级基建部门应组织各级电科院（地市检修分公司）将设备调试阶段的技术监督工作计划和信息及时录入管理系统。

（八）竣工验收阶段

竣工验收阶段是指输变电工程项目竣工后，检验工程项目是否符合规划设计及设备安装质量要求的阶段。本阶段技术监督工作由各级基建部门组织技术监督实施单位对前期各阶段技术监督发现问题的整改落实情况进行监督检查和评价，运检部门参与竣工验收阶段中设备交接验收的技术监督工作，对不符合要求的出具技术监督告（预）警单。各级基建部门应组织各级电科院（地市检修分公司）将竣工验收阶段的技术监督工作计划和信息及时录入管理系统。

（九）运维检修阶段

运维检修阶段是指设备运行期间，对设备进行运维检修的工作阶段。本阶段技术监督工作由各级运维检修部门组织技术监督实施单位监督并评价设备状态信息收集、状态评价、检修策略制订、检修计划编制、检修实施和绩效评价等工作中相关技术标准和预防事故措施的执行情况，对不符合要求的出具技术监督告（预）警单。各级运检部门应组织各级电科院（地市检修分公司）将运维检修阶段的技术监督工作计划和信息及时录入管理系统。

（十）退役报废阶段

退役报废阶段是指设备完成使用寿命后，退出运行的工作阶段。本阶段技术监督工作由运维检修部门组织技术监督实施单位监督并评价设备退役报废处理过程中相关技术标准和预防事故措施的执行情况，对不符合要求的出具技术监督告（预）警单。各级运检部门应组织各级电科院（地市检修分公司）将退役报废阶段的技术监督工作计划和信息及时录入管理系统。

三、技术监督工作要点

（一）应熟悉的标准制度

（1）DL/T 1051—2019《电力技术监督导则》。

（2）《防止电力生产事故的二十五项重点要求》。

（3）《国家电网有限公司十八项电网重大反事故措施（修订版）》。

（4）《国家电网有限公司水电厂重大反事故措施》。

（5）《国家电网有限公司技术监督管理规定》。

（6）《全过程技术监督精益化管理实施细则（修订版）》。

（7）相关专业技术监督规程及导则。

（二）监督工作注意事项

（1）安全第一、预防为主、关口前移、闭环管理。技术监督要以计划为导向开展工作，制订全面合理的年度技术监督工作计划，并对其进行动态过程控制和闭环管理监督。

（2）监督重要项目。运行维护监督、检修监督、技改监督；技术监督委托合同。

（3）检查评价。技术监督自查评、外部查评等；安全性评价及复查评。

（4）问题整改。各类评价等监督问题整改；技术监督告警，专项检查等。

思　考　题

1. 电力技术监督设备管理主体责任在何处？

2. 作为班组技术监督设备主人，应该如何开展技术监督工作？

3. 电力技术监督的三要素是哪三项，请分别阐述。

4. 试查询资料，了解我国技术监督的发展历史。

第十一章　特种设备管理

本章概述

特种设备是关乎人身和财产安全、具有较大危险性的设备，一旦出问题，将可能导致人身伤害及较大的财产损失。本章包含特种设备基础概念和分类、相关特种设备使用基本要求、管理基本要求等三部分内容。

学习目标

	学习目标
知识目标	1. 能简述特种设备分类、电站常用特种设备。 2. 能知道电站常用特种设备使用总体要求、安全操作使用注意事项。 3. 能知道电站常用特种设备作业人员配置要求、作业人员监督管理要求、作业人员台账建立要求。 4. 能知道电站常用特种设备注册登记、年检要求、安装改造报废规定、特种设备台账要求。 5. 能简述常用的标准规范。
技能目标	—

第一节　特种设备基础概念和分类

一、特种设备基础概念

根据《中华人民共和国特种设备安全法》规定，特种设备是指对人身和财产安全有较大危险性的锅炉、压力容器（含气瓶，下同）、压力管道、电梯、起重机械、客运索道、大型游乐设施和场（厂）内专用机动车辆等设备设施，以及法律、行政法规规定适用本法的其他特种设备。

国家对特种设备实行目录管理。特种设备目录由国务院负责特种设备安全监督管理的部门制定，报国务院批准后执行。

二、特种设备分类

特种设备中锅炉、压力容器（含气瓶）、压力管道为承压类特种设备；电梯、起重机械、客运索道、大型游乐设施、场（厂）内专用机动车辆为机电类特种设备。

特种设备包括其所用的材料、附属的安全附件、安全保护装置和与安全保护装置相关的设施。

2014 年 11 月，中华人民共和国国家质量监督检验检疫总局修订并颁布了最新的《特种设备目录》，见表 11-1-1。

表 11-1-1　　　　　　　　　　　　　　　　最新国家特种设备目录

代码	种类	类别	品种
1000	锅炉	锅炉，是指利用各种燃料、电或者其他能源，将所盛装的液体加热到一定温度，并通过对外输出介质的形式提供热能的设备，其范围规定为设计正常水位容积大于或者等于 30L，且额定蒸汽压力大于或者等于 0.1MPa（表压）的承压蒸汽锅炉；出口水压大于或者等于 0.1MPa（表压），且额定功率大于或者等于 0.1MW 的承压热水锅炉；额定功率大于或者等于 0.1MW 的有机热载体锅炉
1100		承压蒸汽锅炉	—
1200		承压热水锅炉	—
1300		有机热载体锅炉	1310 有机热载体气相炉、1320 有机热载体液相炉
2000	压力容器	压力容器，是指盛装气体或者液体，承载一定压力的密闭设备，其范围规定为最高工作压力大于或者等于 0.1MPa（表压）的气体、液化气体和最高工作温度高于或者等于标准沸点的液体、容积大于或者等于 30L 且内直径（非圆形截面指截面内边界最大几何尺寸）大于或者等于 150mm 的固定式容器和移动式容器；盛装公称工作压力大于或者等于 0.2MPa（表压），且压力与容积的乘积大于或者等于 1.0MPa·L 的气体、液化气体和标准沸点等于或者低于 60℃液体的气瓶；氧舱
2100		固定式压力容器	2110 超高压容器、2130 第三类压力容器、2150 第二类压力容器、2170 第一类压力容器
2200		移动式压力容器	2210 铁路罐车、2220 汽车罐车、2230 长管拖车、2240 罐式集装箱、2250 管束式集装箱
2300		气瓶	2310 无缝气瓶、2320 焊接气瓶、23T0 特种气瓶（内装填料气瓶、纤维缠绕气瓶、低温绝热气瓶）
2400		氧舱	2410 医用氧舱、2420 高气压舱
8000	压力管道	压力管道，是指利用一定的压力，用于输送气体或者液体的管状设备，其范围规定为最高工作压力大于或者等于 0.1MPa（表压），介质为气体、液化气体、蒸汽或者可燃、易爆、有毒、有腐蚀性、最高工作温度高于或者等于标准沸点的液体，且公称直径大于或者等于 50mm 的管道。公称直径小于 150mm，且其最高工作压力小于 1.6MPa（表压）的输送无毒、不可燃、无腐蚀性气体的管道和设备本体所属管道除外。其中，石油天然气管道的安全监督管理还应按照《中华人民共和国安全生产法》《中华人民共和国石油天然气管道保护法》等法律法规实施
8100		长输管道	8110 输油管道、8120 输气管道
8200		公用管道	8210 燃气管道、8220 热力管道
8300		工业管道	8310 工艺管道、8320 动力管道、8330 制冷管道
7000	压力管道组件		—

续表

代码	种类	类别	品种
7100	压力管道组件	压力管道管子	7110 无缝钢管、7120 焊接钢管、7130 有色金属管、7140 球墨铸铁管、7150 复合管、71F0 非金属材料管
7200		压力管道管件	7210 非焊接管件（无缝管件）、7220 焊接管件（有缝管件）、7230 锻制管件、7270 复合管件、72F0 非金属管件
7300		压力管道阀门	7320 金属阀门、73F0 非金属阀门、73T0 特种阀门
7400		压力管道法兰	7410 钢制锻造法兰、7420 非金属法兰
7500		补偿器	7510 金属波纹膨胀节、7530 旋转补偿器、75F0 非金属膨胀节
7700		压力管道密封组件	7710 金属密封组件、77F0 非金属密封组件
7T00		压力管道特种组件	7T10 防腐管道组件、7TZ0 组件组合装置
3000	电梯	电梯，是指动力驱动，利用沿刚性导轨运行的箱体或者沿固定线路运行的梯级（踏步），进行升降或者平行运送人、货物的机电设备，包括载人（货）电梯、自动扶梯、自动人行道等。非公共场所安装且仅供单一家庭使用的电梯除外	
3100		曳引与强制驱动电梯	3110 曳引驱动乘客电梯、3120 曳引驱动载货电梯、3130 强制驱动载货电梯
3200		液压驱动电梯	3210 液压乘客电梯、3220 液压载货电梯
3300		自动扶梯与自动人行道	3310 自动扶梯、3320 自动人行道
3400		其他类型电梯	3410 防爆电梯、3420 消防员电梯、3430 杂物电梯
4000	起重机械	起重机械，是指用于垂直升降或者垂直升降并水平移动重物的机电设备，其范围规定为额定起重量大于或者等于 0.5t 的升降机；额定起重量大于或者等于 3t（或额定起重力矩大于或者等于 40t·m 的塔式起重机，或生产率大于或者等于 300t/h 的装卸桥），且提升高度大于或者等于 2m 的起重机；层数大于或者等于 2 层的机械式停车设备	
4100		桥式起重机	4110 通用桥式起重机、4130 防爆桥式起重机、4140 绝缘桥式起重机、4150 冶金桥式起重机、4170 电动单梁起重机、4190 电动葫芦桥式起重机
4200		门式起重机	4210 通用门式起重机、4220 防爆门式起重机、4230 轨道式集装箱门式起重机、4240 轮胎式集装箱门式起重机、4250 岸边集装箱起重机、4260 造船门式起重机、4270 电动葫芦门式起重机、4280 装卸桥、4290 架桥机
4300		塔式起重机	4310 普通塔式起重机、4320 电站塔式起重机
4400		流动式起重机	4410 轮胎起重机、4420 履带起重机、4440 集装箱正面吊运起重机、4450 铁路起重机
4700		门座式起重机	4710 门座起重机、4760 固定式起重机
4800		升降机	4860 施工升降机、4870 简易升降机
4900		缆索式起重机	—
4A00		桅杆式起重机	—
4D00		机械式停车设备	—

代码	种类	类别	品种
9000	客运索道	客运索道，是指动力驱动，利用柔性绳索牵引箱体等运载工具运送人员的机电设备，包括客运架空索道、客运缆车、客运拖牵索道等。非公用客运索道和专用于单位内部通勤的客运索道除外	
9100		客运架空索道	9110 往复式客运架空索道、9120 循环式客运架空索道
9200		客运缆车	9210 往复式客运缆车、9220 循环式客运缆车
9300		客运拖牵索道	9310 低位客运拖牵索道、9320 高位客运拖牵索道
6000	大型游乐设施	大型游乐设施，是指用于经营目的，承载乘客游乐的设施，其范围规定为设计最大运行线速度大于或者等于2m/s，或者运行高度距地面高于或者等于2m的载人大型游乐设施。用于体育运动、文艺演出和非经营活动的大型游乐设施除外	
6100		观览车类	—
6200		滑行车类	—
6300		架空游览车类	—
6400		陀螺类	—
6500		飞行塔类	—
6600		转马类	—
6700		自控飞机类	—
6800		赛车类	—
6900		小火车类	—
6A00		碰碰车类	—
6B00		滑道类	—
6D00		水上游乐设施	6D10 峡谷漂流系列、6D20 水滑梯系列、6D40 碰碰船系列
6E00		无动力游乐设施	6E10 蹦极系列、6E40 滑索系列、6E50 空中飞人系列、6E60 系留式观光气球系列
5000	场（厂）内专用机动车辆	场（厂）内专用机动车辆，是指除道路交通、农用车辆以外，仅在工厂厂区、旅游景区、游乐场所等特定区域使用的专用机动车辆	
5100		机动工业车辆	5110 叉车
5200		非公路用旅游观光车辆	—
F000	安全附件		—
7310		安全阀	—
F220		爆破片装置	—
F230		紧急切断阀	—
F260		气瓶阀门	—

三、常规水电站及抽水蓄能电站的常用特种设备

常规水电站及抽水蓄能电站的常用特种设备包含起重设备（桥式起重机、门式起重机、塔式起重机、各类升降机等）、电梯、场内机动车辆（一般为叉车）、压力容器［调速器压力油罐、球阀压力油罐、调相压水储气罐、公用储气罐、冷冻机（冷凝器、蒸发器）等］、压力管道（各类压力容器对应的供气管、供油管路等）及各类压力容器、管道上面附属的安全阀、爆破片、气瓶阀门等安全附件等。

第二节 相关特种设备使用基本要求

一、特种设备使用基本规定

（一）总体要求

（1）应使用符合安全技术规范要求的特种设备，按规定及时办理注册登记。

（2）不得使用非法制造的、报废的、经检验检测判为不合格的、安全附件和安全装置不全或者失灵的、有明显故障或者有异常情况等事故隐患的特种设备。

（二）购置要求

应选择具有取得相应制造许可证的单位生产的合格产品，并核对产品质量合格证明、监督检验证书等相关技术文件。

（三）安装、改造、维修要求

（1）安装、改造、维修特种设备应选择具有取得相应许可证的施工单位。

（2）在施工之前，应核对施工单位：

1）是否已告知当地市级质量技术监督部门。

2）是否向特种设备检验检测机构申请监督检验。

（3）应使用经监督检验合格的特种设备。

（四）注册登记

（1）特种设备使用单位应当在特种设备投入使用前或者投入使用后 30 日内，向负责特种设备安全监督管理的部门办理使用登记，取得使用登记证书。登记标志应当置于该特种设备的显著位置。

（2）未经注册登记的特种设备不得继续投入使用。

（3）注册登记时需提供的材料详见当地特检院要求。

（五）正常使用的要求

（1）《特种设备安全监察条例》（中华人民共和国国务院令第 373 号）对特种设备使用单位的要求：

1）对在用特种设备进行经常性日常维护保养，并至少每月进行一次自行检查及做出记

录，发现异常情况的，应当及时处理。

2）对在用特种设备的安全附件、安全保护装置、测量调控装置及有关附属仪器仪表进行定期校验、检修，并做出记录。

（2）特种设备出现故障或者发生异常情况，使用单位应当对其进行全面检查，消除事故隐患后，方可重新投入使用。

（3）以上活动的记录均应存入特种设备安全技术档案。

（4）电梯的日常维护保养必须由取得许可的安装、改造、维修单位或者电梯制造单位进行。要签订维护保养合同。

（5）电梯应当至少每15天进行一次清洁、润滑、调整和检查的维护保养工作。

（6）电梯显著位置应张贴电梯安全注意事项和警示标志，宣传安全使用和应对紧急情况的常识。

（六）定期检验

（1）在用特种设备实行安全技术性能定期检验制度，是确保安全使用的必要手段。特种设备使用单位应在特种设备检验合格有效期到期前，提前一个月主动向当地特检院申报定检。

（2）常用特种设备定期检验周期详见表11-2-1。

表 11-2-1　　　　　　　　　　　　特种设备定期检验周期表

设备分类	外部（年度/在线）检验	内部（全面）检验	水（耐）压试验
锅炉	1次/年	1次/2年	1次/6年 （1次/3年）
压力容器	至少1次/年	新投用满3年时，根据压力容器评估定级决定检验周期： 1~2级：一般6年一次； 3级：一般3~6年一次； 4级：由检验机构确定	每两次全面检验期间内，原则上应当进行一次耐压试验
压力管道	至少1次/年	新投用满3年时，根据压力管道评估定级决定检验周期： 1~2级：一般不超过6年一次； 3级：一般不超过3年次	同全面检验
电梯	每年一次		
起重机械	每2年一次；吊运熔融金属的起重机每年一次		
厂内机动车辆	每2年一次		
安全阀	一般每年至少校验一次		
压力表	一般每半年至少校验一次		

（七）停用要求

（1）特种设备需要停止使用的，使用单位应自行封存停用设备，并在封存后 30 日内向所在地质量技术监督部门提出书面申请，经确认后到特种设备检验检测中心办理停用手续。

（2）未办停用手续的特种设备，仍要进行定期检验。

（3）特种设备重新启用时应当申请检验，经检验合格的，到特种设备检验检测中心办理申请启用，领取使用登记证（登记标志）。

（八）报废注销要求

（1）特种设备报废时，特种设备使用单位应当将使用登记证（登记标志）交当地特种设备检验检测中心，办理注销手续，并将特种设备解体后报废。

（2）场（厂）内机动车辆报废后，还应上交车辆牌照。

二、特种设备安全操作规程（抽水蓄能电站常用）

（一）桥式起重机安全操作规程

（1）桥式起重机操作人员必须持证上岗。

（2）司机接班时，应对制动器、吊钩、钢丝绳和安全装置进行检查，发现性能不正常时应在操作前排除。

（3）开车前，必须鸣铃示警。操作中接近人时，应给予断续铃声或示警。

（4）操作应按指挥信号进行。对紧急停车信号，不论何人发出，都应立即执行。

（5）当桥式起重机上或其周围确认无人时，才可以闭合主电源。闭合主电源前，应检查确认所有的控制器手柄置于零位。

（6）工作中突然断电时，应将所有的控制器手柄扳回零位。在重新工作前，应检查桥式起重机动作是否正常。

（7）进行维护保养时，应切断主电源，必要时还要在作业区两端的轨道上用钢轨夹夹住，并挂上标志牌。如有未消除的故障，现场应做好标识和记录，换班时应做好交接记录。

（8）桥式起重机传动装置在运转中变换方向时，应经过停止稳定后再开始逆向运转，禁止直接变更运转方向。运转速度不宜变化过大，加速或减速应逐渐进行。

（9）作业登机前应查看货物行走路线，清除障碍物，货物要距离其他物体 2m 以上，距离电线 5m 以上。

（10）起吊重物不准让其长期悬在空中。有重物暂时悬在空中时，严禁驾驶人员离开驾驶室或做其他工作。

（11）未经专门审查批准，桥式起重机机械各部的机构和装置不得变更或拆换。

（12）桥式起重机必须按照规定要求，定期进行检查维护和试验工作，并做好记录。

（13）其他参见 GB/T 6067《起重机械安全规定》和电力安全工作规定。

（14）桥式起重机起吊作业应遵循"十不吊"的规定。

（二）电梯安全操作规程

（1）火灾、地震发生时，严禁搭乘电梯。

（2）搭乘电梯时，请勿在电梯内嬉戏跳动，以免影响电梯正常运行。

（3）禁止在电梯内吸烟，保持电梯内清洁，以延长电梯使用寿命。

（4）使用电梯时，避免超重，以免造成危险。

（5）使用电梯搬运物品时，严禁利用棍棒等物品插入电梯大门等候，以免影响电梯结构，造成危险。

（6）搭乘电梯时，注意防止其双手触摸门板，以免电梯关门时造成夹伤。

（7）电梯发生故障被关在厢内时，应按下紧急呼叫按钮，等待专业人员处理，切勿强行撬开电梯门逃生，以免坠落。

（8）保持电梯机房的清洁、干燥，并防止雨水渗入。

（9）电梯机房应上锁，防止闲杂人出入，破坏机器。

（10）电梯内应张贴安全注意事项。

（11）电梯应定期由有资质的单位保养、检查，电梯运转有异状时，应及时通知专业人员，切勿自行处理。

（三）压力容器安全操作规程

（1）工作人员进入容器、槽箱内部进行检查、清洗和检修工作，应办理工作票手续，人员进出进行登记。

（2）进入压力容器前，应确认所有所有可能向压力管道来压（油、水、气）的管路阀门已关闭，压力容器已完成了泄压工作。

（3）进入压力容器人员，应身着连体服，取出随身的无关杂物，工作结束时要清点携带工具，不可遗漏。

（4）作业时应加强通风，但禁止向内部输送纯氧。

（5）采用气体充压对容器找漏时，应使用压缩空气，禁止使用各类气体的气瓶进行充压找漏。

（6）对装用过易燃介质的容器，充压前应进行彻底清洗和置换。

（7）在盛过可燃物品及可能产生可燃气体的容器内部或外部进行明火作业时，应先用水蒸气或热碱水冲洗干净，并将其盖口打开，方可焊接。

（8）若容器或槽箱内存在着有害气体或存在有可能产生有害气体的残留物质，应先进行通风，待检测合格后，方可进入容器内。

（9）工作人员不得少于两人，其中一人在外面监护。在可能产生有害气体的情况下，则工作人员不得少于三人，其中两人在外面监护。

（10）监护人应站在能看到或听到容器内工作人员的地方，以便随时进行监护。监护人不准同时担任其他工作。

（11）在容器、槽箱内工作，当需站在梯子上工作时，工作人员应使用安全带，挂在外面牢固的地方。

（12）在容器内衬胶、涂漆、刷环氧玻璃钢时，应打开人孔门及管道阀门，并进行强力通风。

（13）在金属容器内应使用24V及以下电动工具，否则应使用带绝缘外壳的工具，并装设额定动作电流不大于10mA，一般型（无延时）的剩余电流动作保护器（漏电保护器），且应设专人不间断地监护。

（14）剩余电流动作保护器（漏电保护器）、电源连接器和控制箱等应放在容器外面，并有专人负责。

（15）工作场所应备有泡沫灭火器和干砂等消防工具，严禁明火。对这项工作有过敏性的人员不准参加。

（16）在关闭容器、槽箱的人孔门以前，工作负责人应清点人员和工具，检查确实没有人员和工具、材料等遗留在内，才可关闭。

（17）压力容器强度试验时，耐压区域应做好禁行标志，禁止无关人员通过或逗留。耐压试验应按照国家有关规定进行。

（四）压力管道安全操作规程

（1）进入压力管道工作前，应关闭所有可能向压力管道来压（油、水、气）的管路阀门，做好水源隔离措施，防止突然来水。应打开排水阀，排除压力管道内积水，检修过程中排水阀保持全开启。应断开所有隔离阀门或闸门的操作气源、水源、油源或电源，并上锁、挂标示牌。

（2）在打开压力管道排水阀进行排水前，应先检查确认管道外排水管路畅通。

（3）在打开人孔门前，需再次确认所有隔离阀门或闸门已可靠关闭，确认管道内积水已排空。

（4）进入压力管道内部人员，应取出随身的无关杂物，工作结束时要清点，不可遗漏。

（5）进入压力管道人员应穿防滑橡胶靴，并随身携带应急照明灯。

（6）在管道内行走时，人员之间应保持一定距离，以防跌滑时对他人造成伤害。

（7）进入压力管道工作，工作人员不得少于三人。

（8）压力管道内有人工作期间，人孔门应保持全开，并有专人在外监护。

（9）每天收工前，检修工作负责人应确认里面无人员，并在人孔门处做好禁止入内的明显标示。

（10）工作需要在管道内部搭设脚手架时，应特别考虑防止滑移、倾斜、侧翻等措施。

（11）进入压力管道（岔管）渐变段等存在因跌滑而导致高空坠落可能性处工作时，应遵守高处作业有关规定。

（12）动力电源联接箱和控制箱应专人值班，并保证内部和外部的通信畅通，确保异常时能及时切断电源。

（五）厂内机动车辆安全操作规程

（1）应由专人驾驶和保养，驾驶人员应经有关部门考试合格，获得驾驶证，方可驾驶。

（2）开车前应检查制动、喇叭、方向机构是否正常，铲车还应检查升降架、倾斜机构、铲架动作是否正常。

（3）不准超载。装运物件应用绳子扎牢或用木块垫稳，乘车人员应拉牢把手，身体不准越出车子两侧，无关人员不准搭车。

（4）车未停妥，禁止上下车。翻斗车、铲车不准载人。

（5）车辆行驶时，他人不准和驾驶员闲谈。

（6）启动车辆应先鸣喇叭。遇到路面狭窄、不平和重车时，车速不准超过 5km/h；空车时，车速不准超过 10km/h。

（7）在十字路口交义转弯时应减速鸣号靠右行，并做好手势或预报信号，要注意保持车距，做好制动准备。

（8）停车离开时应切断动力或取下手柄，并投入机械刹车。

（9）电瓶车充电时应距离明火处 5m 以上，并加强通风。

第三节 相关特种设备管理基本要求

一、特种设备安全管理

（一）总体要求

（1）特种设备安全管理应坚持"安全第一、预防为主、节能环保、综合治理"的方针，按照"管业务必须管安全、管行业必须管安全、管生产经营必须管安全""谁主管谁负责""谁使用谁负责"的原则，建立使用单位负责、专业部门管理、安全监督部门监督的特种设备管理工作机制和安全责任体系，强化特种设备安全管理。

（2）公司负责本单位范围内特种设备的安全管理工作，建立特种设备安全生产责任制，健全特种设备安全生产管理体系，明确相关部门和岗位安全职责，并列入安全责任清单。

（3）公司负责本单位特种设备全过程安全管理，承担特种设备使用安全主体责任。贯彻执行国家和行业有关特种设备法律法规、行政规章和安全技术规范，落实上级特种设备安全管理规章制度和安全部署要求，建立并有效实施特种设备全过程管理实施细则、操作规程。

（二）主要管理制度

（1）特种设备注册登记制度应规定的内容：

1）法规有哪些规定，什么情况下应办理注册登记。

2）由哪个部门、谁去办理。

3）办理时带哪些资料。

4）办理后如何管理（特种设备使用登记后应将检验合格标志固定在特种设备显著位置，并在有效期内安全使用；存档）。

（2）安全技术档案管理制度的主要内容：

1）建立的目的、意义。

2）由哪个部门、谁来负责建立档案（职责）。

3）档案应包含的内容（哪些进档案）。

4）档案的保管、借阅等规定。

5）档案保存时间（至设备报废）等。

（3）特种设备定期检验制度至少应明确的内容：

1）由哪个部门、谁来负责定期检验制度的落实。

2）法规的有关规定。

3）检验前申请定期检验的规定、检验前准备工作。

4）检验过程中与检验检测单位的配合事项。

5）检验后的处理，如及时更换安全检验合格标志中的有关内容等。

（4）特种设备报废制度：

1）应对报废处理的原则、办法和程序做出规定。

2）出现下列情况的特种设备应报废处理：

a. 超过标准或者技术规程规定的寿命期限的特种设备或者零部件。

b. 存在严重事故隐患的。

c. 无改造、维修价值的。

3）特种设备进行报废处理后，使用单位必须到负责该特种设备注册登记的特种设备安全监察管理部门办理注销手续。

（三）三落实

（1）落实安全管理机构和责任人员。

（2）落实岗位安全责任制。

1）企业法定代表人负全责，为第一责任人。主要负责人的主要职责：

a. 建立健全本单位特种设备安全责任制。

b. 组织制定本单位特种设备安全规章制度和操作规程。

c. 保证本单位特种设备安全投入的有效实施。

d. 督促、检查本单位的安全工作，及时消除特种设备事故隐患。

e. 组织制订并实施本单位的特种设备事故应急救援预案。

f. 及时、如实报告特种设备伤亡事故。

2）专职或兼职特种设备管理人员的岗位责任。安全管理人员的主要职责：

a. 参与和协助企业负责人制定特种设备管理制度、设备操作规程等。

b. 按照制度要求，对特种设备使用状况进行经常性检查，发现问题应立即处理。

c. 在紧急情况时，可以决定停止使用特种设备，并及时报告本单位有关负责人，认为有必要时，可以向当地特种设备安全监督管理部门报告。

3）操作人员、维修人员的岗位责任。作业人员的职责：

a. 熟悉所操作特种设备的技术特性，以及可能发生的事故和应采取的措施等。

b. 遵守劳动纪律，执行安全规章制度和操作规程，听从指挥，保持本岗位设备的安全和清洁，不随意拆除安全保护装置，有权拒绝违章指挥。

c. 在作业过程中发现事故隐患或不安全因素，应立即向特种设备管理人员和单位有关负责人报告。

（3）落实各项管理制度及操作规程：

1）交接班制度。明确交接班时间、交班内容，交接人员双方签字等。

2）特种设备的选购、验收、安装、调试、使用登记、备件管理和技术档案管理等制度。

3）特种设备的安全检查、维护保养、定期检验、维修改造、停用报备、报废注销、事故报告，以及接受国家安全监察等制度。

4）管理人员和操作人员、维修人员等的培训和考核制度。

5）工艺操作规程和安全操作规程（必须上墙）。

6）特种设备安全技术档案。

（四）两有证

（1）特种设备注册登记证（或标志）应当置于或者附着于特种设备的显著位置。

（2）特种设备安全管理人员和操作人员，要事先经特种设备安全监察部门考核合格，取得国家统一格式的特种作业人员资格证书后，方可从事相应的特种设备安全管理工作或运行操作。

（五）一检验

（1）在上次检验有效期满前一个月向特种设备检验机构提出定期检验要求，安排定期检验计划，向检验机构和检验人员提供定期检验所需要的条件及资料，配合他们做好检验检测工作，确保检验工作顺利实施。凡未经定期检验或者检验不合格的特种设备，不得继续使用。

（2）特种设备的安全附件同样应实行定期检验制度。

（六）一预案

（1）公司应制订特种设备事故专项应急预案和现场处置方案，并定期进行应急培训和演练。

（2）特种设备发生事故后，事故发生单位应按照应急预案采取措施，组织抢救，防止事故扩大，减少人员伤亡和财产损失，保护事故现场和有关证据，及时向当地市人民政府负责特种设备安全监督管理的部门和有关部门报告，同时配合事故调查和做好善后处理工作。

（七）特种设备安全技术档案

应包含：

（1）特种设备的设计文件、产品质量合格证明、安装及使用维护说明、监督检验证明，以及安装验收的技术文件和资料。

（2）特种设备的使用登记证，定期检验和定期自行检查的记录。

（3）特种设备的日常使用状况记录。

（4）特种设备及其安全附件、安全保护装置、测量调控装置及有关附属仪器仪表的日常维修保养记录。

（5）特种设备维修的维修方案、当地质量技术监督部门审批文件、实际维修情况记录、负责维修单位资质证明，以及有关技术文件和资料。

（6）特种设备改造的改造方案、图样、材料质量证明书、施工单位资质证明、当地质量技术监督部门审批文件、施工质量检验，以及技术文件和资料。

（7）特种设备运行故障和事故的记录资料和处理报告。

二、特种设备作业人员监督管理

公司应按照《特种设备使用管理规则》有关规定，根据本单位特种设备类别、品种、用途、数量等情况，配备适当数量的特种设备作业人员及其相关管理人员，并逐台落实安全责任人。

特种设备作业人员应按照国家有关规定，经特种设备安全监督管理部门考核合格，取得统一格式的特种作业人员证书，方可从事相应的作业或管理工作。特种设备作业人员证应按期复审。

公司应建立健全特种设备作业人员台账。人员信息变动后10个工作日内完成台账信息的更新。

公司应对特种设备作业人员进行特种设备安全教育和培训。离岗达6个月以上的特种设备作业人员，应进行实际操作考核，并经确认合格后方可重新上岗作业。

特种设备作业人员应持证上岗，作业时随身携带证件（复印件或电子证照），并自觉接受用人单位的安全管理和政府质量技术监督部门的监督检查。

三、特种设备作业人员及特种作业人员配置要求

（一）电站特种设备作业人员配置要求

电站特种设备作业人员配置要求详见表11-3-1。

表 11-3-1　　　　　　　　　　　　　特种设备作业人员推荐配置表

作业种类及项目				人员配置要求			
序号	种类	作业项目	项目代号	应取证人员数量	持证人员要求	主要工作内容	备注
1	特种设备安全管理	特种设备安全管理	A	2 人	应由电站员工取证上岗	从事压力管道、电梯、起重机械、场（厂）内专用机动车辆等特种设备安全管理	—
2	锅炉作业	工业锅炉司炉	G1	—	—	—	—
		电站锅炉司炉	G2	—	—	—	—
		锅炉水处理	G3	—	—	—	—
3	压力容器作业	快开门式压力容器操作	R1	—	—	—	—
		移动式压力容器充装	R2	—	—	—	—
		氧舱维护保养	R3	—	—	—	—
4	气瓶作业	气瓶充装	P	—	—	—	—
5	电梯作业	电梯修理①	T	2 人	可由电站或外委单位按要求配备	从事电梯机械安装维修、电气安装维修及应急处理相关工作	考虑《安全事故调查规程》中关于"电梯轿厢滞留人员 2h 以上者"为一般设备事故的规定
6	起重机作业	起重机械指挥	Q1	日常运维配置 2 人，大修、技改按项目需要配备	可由电站或外委单位按要求配备	从事现场起重机械指挥作业	—
		起重机司机②	Q2	日常运维配置桥（门）式起重机司机 2 人，其他类起重机司机根据电站设备实际配备 1 人，大修、技改按项目需要配备	可由电站或外委单位按要求配备	从事起重机械驾驶	—
7	场（厂）内专用机动车辆作业	叉车司机	N1	2 人	可由电站或外委单位按要求配备	从事电站叉车驾驶	—
		观光车和观光列车司机	N2	根据电站实际配备 4 人	可由电站或外委单位按要求配备	从事厂内观光车和观光列车（含电瓶车）驾驶	—

序号	种类	作业项目	项目代号	应取证人员数量	持证人员要求	主要工作内容	备注
	作业种类及项目			**人员配置要求**			
8	安全附件维修作业	安全阀校验	F	—	—	—	—
9	特种设备焊接作业	金属焊接操作	③	—	—	—	—
		非金属焊接操作		—	—	—	—

① 电梯修理作业项目包括修理和维护保养作业。

② 可根据报考人员的申请需求进行范围限制，具体明确限制为桥式起重机司机、门式起重机司机、塔式起重机司机、门座式起重机司机、缆索式起重机司机、流动式起重机司机、升降机司机。如"起重机司机（限桥门式起重机）"等。

③ 特种设备焊接作业人员代号按照《特种设备焊接操作人员考核规则》的规定执行。

（二）电站特种作业人员配置要求

电站特种作业人员配置要求详见表 11-3-2。

表 11-3-2　　　　　　　　　　特种作业人员推荐配置表

序号	种类	作业项目	应取证人员数量	持证人员要求	主要工作内容	备注
	作业种类及项目		**人员配置要求**			
1	焊接与热切割作业	熔化焊接与热切割作业	日常运维配置 2 人，大修、技改按项目需要配备	可由电站或外委单位按要求配备	使用局部加热的方法将连接处的金属或其他材料加热至熔化状态而完成焊接与切割的作业	—
2	高处作业	登高架设作业	日常运维配备 3 人，大修、技改按项目需要配备	可由电站或外委单位按要求配备	在高处从事脚手架、跨越架架设或拆除的作业	—
		高处安装、维护、拆除作业	日常运维配备 5 人，大修、技改按项目需要配备	可由电站或外委单位按要求配备	在高处从事安装、维护、拆除的作业	—

注　作业种类及项目参见《特种作业人员安全技术培训考核管理规定》（安监总局令第 80 号）。

四、特种设备管理基础台账及特种设备作业人员台账

（一）特种设备管理基础台账

特种设备管理基础台账详见表 11-3-3。

表 11-3-3　　　　　　　　　　特种设备管理基础台账

单位：		地址：	
经营范围：			
登记日期：　　　年　　月　　日		登记人：	

续表

序号	设备名称	设备型号	设备种类	设备类别	设备注册代码	出厂编号	制造日期	制造单位名称	单位内部编号	技术档案号	使用登记证编号	设备所在位置	设备状态	设备资产属性	投入使用日期	检验机构	检验日期	下次检验日期	安全管理人员	联系方式

（二）特种设备作业人员台账

特种设备作业人员台账详见表11-3-4。

表11-3-4　　　　　　　　　　　　　特种设备作业人员台账

单位：					地址：						
经营范围：											
登记日期：　　年　月　日					登记人：						
序号	姓名	用工方式	岗位	证件编号	发证机关	作业项目代号（旧）	作业项目代号（新）	首次发证日期	有效期	批准日期	复审记录	联系电话	备注

思　考　题

1. 使用时存在较大风险，使用不当可能造成人身伤亡、重大事故的，但不在特种设备目录内的工业现场设备设施，是否属于特种设备？

2. 日常工作生活中使用过、接触过或者见过的特种设备还有哪些？

3. 特种设备的注册登记和定期检验分别由什么机构负责？这两种机构之间存在什么样的联系？

4. 特种设备上所装设的安全附件是否需要进行定期检验？由哪些机构进行检验？

5. 抽水蓄能电站厂房内部常见的压力管道都有哪些？

6. 特种设备作业人员和特种作业人员证书存在什么区别？是否可以互相替代？

7. 电站厂房常见的消防气瓶及氮气、氧气、乙炔气瓶等是否属于特种设备？是否需要具备相应特种资质方能进行运维？

参考文献

［1］李华，高国庆，王宁．生产单位管理人员分册［M］．水电厂安全教育培训教材．北京：中国电力出版社，2017．

［2］李华，靳永卫，夏书生．新员工分册［M］．水电厂安全教育培训教材．北京：中国电力出版社，2017．

［3］李丹，励刚，侯勇．华东电网调度控制运行细则［M］．北京：中国电力出版社，2015．

［4］冯伊平，李浩良，孙华平．抽水蓄能运维技术培训教程［M］．杭州：浙江大学出版社，2016．

［5］李浩良，孙华平．抽水蓄能电站运行与管理［M］．杭州：浙江大学出版社，2013．

［6］中华人民共和国国家质量监督检验检疫总局，中国国家标准化管理委员会．智能电网调度控制系统总体框架：GB/T 33607—2017［S］．北京：中国标准出版社，2017．

［7］国家能源局．水轮机调节系统建模及参数实测技术导则：DL/T 1800—2018［S］．北京：中国电力出版社，2018．

［8］国家市场监督管理总局，国家标准化管理委员会．并网电源一次调频技术规定及试验导则：GB/T 40595—2021［S］．北京：中国标准出版社，2021．

［9］国家能源局．同步发电机进相试验导则：DL/T 1523—2023［S］．北京：中国电力出版社，2023．